重庆地热水资源勘查与评价技术研究

CHONGQING
DIRESHUI ZIYUAN KANCHA
YU
PINGJIA JISHU YANJIU

编著：何安弟　范泽英　吕玉香　徐高海

任柏橙　曾　敏　韩　晗

U0281872

重庆大学出版社

内容提要

地热水既是"水"又是"矿",所以本书从地层和构造的角度,分析、总结了重庆地热水资源的水文地质特征和"成矿"特征。在研究范围方面,既总结了重庆市地热水的分布和特点,又划出了重点研究区域,分析、总结了重点区域地热水的补径排关系、地热田的划分、资源储量的计算。在研究手段和方法方面:一是剖析了重点研究区域的构造和岩层特征,分析了其热储构造和地热地质环境;二是以已经开发的地热水为依据,分析了其水质特性,并按现行规范进行了评价;三是利用数值模拟等先进方法,研究了地热井井间干扰问题,为合理布设井位、划定矿权和开发利用提供了理论依据;四是阐述了现行地热水资源勘查评价的方法和手段,重点介绍了勘查风险决策方法,以及适合重庆地区地热水勘查的设备和钻井工艺技术;五是以实际案例的方式,介绍了定向钻进、酸化洗井、尾管悬挂等钻探新技术、新方法,便于读者借鉴。

本书可供从事水文地质、探矿工程专业技术人员及管理人员阅读,也可供从事相关研究的学者、学生参考。

图书在版编目(CIP)数据

重庆地热水资源勘查与评价技术研究/何安弟等编
著. ——重庆:重庆大学出版社,2020.7
ISBN 978-7-5689-2297-5

Ⅰ.①重… Ⅱ.①何… Ⅲ.①地下热水—地下水资源
—资源调查—重庆②地下热水—地下水资源—资源评价—
重庆 Ⅳ.①P314.1

中国版本图书馆 CIP 数据核字(2020)第 127072 号

重庆地热水资源勘查与评价技术研究

何安弟 等 编著

策划编辑:林青山

责任编辑:杨育彪 版式设计:林青山

责任校对:张红梅 责任印制:张 策

*

重庆大学出版社出版发行

出版人:饶帮华

社址:重庆市沙坪坝区大学城西路 21 号

邮编:401331

电话:(023) 88617190 88617185(中小学)

传真:(023) 88617186 88617166

网址:http://www.cqup.com.cn

邮箱:fxk@cqup.com.cn(营销中心)

全国新华书店经销

重庆共创印务有限公司印刷

*

开本:787mm×1092mm 1/16 印张:11.75 字数:273 千

2020 年 8 月第 1 版 2020 年 8 月第 1 次印刷

ISBN 978-7-5624-2297-5 定价:79.00 元

前　言

　　地热能是蕴藏在地球内部的热能,是一种清洁低碳、分布广泛、资源丰富、安全优质的可再生能源,可分为浅层地温能、水热型地热能和干热岩型地热能。地热能具有供能持续稳定、高效循环利用和可再生的特点,因此可以减少温室气体排放,改善生态环境,将成为能源结构调整的新方向。

　　水热型地热能即地热水资源是一种安全、清洁的可再生能源,分布范围广、储量大。地热水资源利用方式多种多样,90 ℃以上的地热水属于高温地热水,可以用来发电、烘干和采暖;40~90 ℃的地热水属于中温地热水,可以用来采暖、理疗、洗浴、温室和养殖;25~40 ℃的地热水属于低温地热水,可以用来洗浴、温室、养殖和农业灌溉。

　　我国是一个以中低温地热水为主的地热资源大国,是世界上开发利用地热能资源最早的国家之一,对温泉等地热水资源的利用可追溯到先秦时期。21 世纪以来,在政策引导和市场推动下,我国地热能资源开发利用得到快速发展。根据相关资料,我国地下热水资源总量折合标准煤约 1.25 万亿 t,年可开采量折合标准煤 19 亿 t,目前年开采量仅相当于 415 万 t 标准煤,开采率仅为 0.2%,开发利用潜力巨大。如何进一步勘查、开发和利用好地热资源,减少污染能源的利用,增加洁净可再生能源的利用,缓解社会经济发展与生态环境问题的矛盾,是一个值得长期研究的课题。

　　重庆市的地热水资源得天独厚,几乎遍布全市。除主城 9 区及其近郊集中分布以外,在长江三峡库区、渝东南的乌江画廊沿线及渝东北地区,均蕴藏着丰富的地热水资源。重庆市地热水资源开发利用历史悠久,文化底蕴深厚。早在 1 600 年前就有了重庆北温泉,明朝万历年间,南温泉也宣告诞生。到了 20 世纪初,重庆东、西、南、北四大温泉早已享誉中外。2010 年末,重庆荣获“中国温泉之都”称号。2012 年 10 月,世界温泉及气候养生联合会授予重庆市“世界温泉之都”称号。尽管如此,同其他省份一样,重庆市的地热水资源勘查、开发仍然存在勘查成本高、开发利用率低等诸多问题。如何用最合理的勘查方法和手段,提高勘探效率,降低勘探成本;如何更准确地评价地热水资源的储量和质量;如何更合理地布设井位和开发利用等,都是地质工作者需要思考的问题。该书的编著也正缘于此,并以此抛砖引玉,意在激发更多的地质工作者思考和研究地热水资源勘探与开发中的问题,引进和推广更多新技术、新方法,提高重庆地热水资源勘查、开发的科技含量,推动本行业的技术进步。

本书在编写过程中,参阅了《重庆市地热水资源勘查与开发利用规划(2007—2020)》《重庆——中国温泉之都地热资源地质勘查报告》《重庆市地热资源勘查开发风险决策方法研究》《重庆市地热资源勘查关键技术——地热井井间干扰研究》等资料,以及重庆市地质矿产勘查开发局南江水文地质工程地质队(后文简称"南江地质队")、208水文地质工程地质队(后文简称"208地质队")近年来从事地热水资源勘查项目的大量资料,特向原项目参与者及报告编写者表示衷心的感谢!在编写过程中,得到了程群教授级高级工程师的大力支持和帮助,在此一并表示谢意!

本书由何安弟同志负责全书的策划和统稿工作,其中第1—4章由何安弟同志编写;第5章由何安弟及吕玉香同志编写;第6章由范泽英及徐高海同志编写;第7章由何安弟及任柏橙同志编写;第8章由何安弟及曾敏同志编写;第9章由范泽英及韩晗同志编写。

由于编者水平有限,加之地热水资源勘查的理论和方法也在不断丰富和更新,书中错漏之处在所难免,还望读者批评指正。

编　者

2020 年 3 月

目 录

1 绪 论

1.1 研究目的及意义

地球是一个巨大的热库,其内部蕴藏着巨大的热能。地热水资源就是以水为介质,把地球内部的热能带到地表的温热水,统称为"地热水"。地热水由于承压作用天然流出地表,或采用人工钻井后抽出地表供人们利用,就是我们通常说的"温泉"。地热水资源是集热、矿、水于一体的可再生资源,可广泛应用于温泉洗浴、理疗保健、供暖发电、种植养殖、旅游休闲等多个领域,具有极高的开发利用价值。

随着社会经济的发展,人们生活水平的提高,人们对保健养生越来越重视,因此,温泉洗浴、养生、疗养的需求量也越来越大。国家对农业农村工作高度重视,提倡快速发展和高质量发展,传统的养殖业已不能满足社会发展的需要,温泉养殖高品质鱼类方兴未艾。随着城市化进程的加快,很多高品质楼盘均将温泉洗浴、温泉水入户等配套完善作为"卖点"。很多旅游景区将传统的景点与温泉洗浴、康养配套,进行"一条龙服务",大大提升了旅游品质。传统的能源对环境污染极大,而地热能是一种清洁的可再生能源,用地热能发电、取暖、供暖将是一种趋势,必将得到更加广泛的应用。然而,地热水资源有其自身的特点。一是有其特殊的形成条件,既要有"水",又要有"热",还要有存储空间。二是埋藏深度大,重庆地区一般均在2 000 m左右,仅凭地面调查等简单工作,很难准确判定是否存在地热水,也不能准确判定是否能满足开发条件,需要从地质构造、地层岩性、地面露头等方面深入调查和分析,同时辅以物化探工作,最后必须通过钻井来验证。因此,地热水资源的勘查和开发成本高,风险较大。

研究地热水资源的勘查方法和手段,有利于较为准确地判定地热水资源的存在,减小勘探开发风险。研究其资源量的评价方法,便于准确评价资源存储量和可开采量,有利于合理开发和可持续开发利用。研究地热水的有效成分和水化学类型,有利于进一步开发其使用价值。研究地热水资源的开发利用模式,用好"世界温泉之都"这张名片,打好温泉牌,吸引八方来客,吸引商业投资,对区域经济高质量发展和人们高品质生活具有极大的推动作用。

1.2 前人研究进展及存在的问题

中华人民共和国成立前,重庆市没有专业的地质勘查队伍,基本上没有开展过水文地质工作。仅有极少数的地质工作者对个别工程项目做了基础性的地质工作,各天然温泉均处于原始状态,仅供当地居民自行洗浴。

1926 年,我国地质事业的创始人章鸿钊先生搜集我国史书资料,编著了《中国温泉辑要》一书,书中列出了重庆各地区已经发现的温泉点。

1929 年,区域地质学、构造地质学家李春昱对重庆北温泉的形成原因进行了分析研究。

1938 年 2 月,四川地质调查所在重庆成立,1938 年 7 月,原中央地质调查所迁至重庆市北碚区。在 1938 年 7 月—1946 年 1 月,上述"两所"在重庆市范围内作了部分基础性的地热地质工作。抗日战争时期,国民政府内迁,将重庆作为"战时首都",各大军政部门分布在东、南、西、北四大温泉区,引用温泉水修建浴池、浴室,利用温泉区优美的自然景观修建公园,地热水资源得到一定利用。

1948 年,地质学家谷德振调查了重庆北温泉,用地质构造和地质力学的观点,从出露岩层的节理发育状况,讨论了温泉出露区的地质构造,分析阐述了北温泉的形成原因。

1950—1957 年,原地质矿产部水文工程地质局重庆队(现成都水文地质工程地质队)在详细进行地质调查的基础上,于 1956 年提交了《对重庆附近温泉成因的几种观点》一文,认为重庆的温泉补给来源有 3 种途径,即纵向、横向和盆周山地环向补给同时并存,北温泉每年将溶蚀携带石灰岩约 4 000 m³,属地热增温型地热水。此种观点得到中外专家(谷德振、谢苗诺夫、索科洛夫)的赞同。该队在嘉陵江北碚水利枢纽规划阶段工程地质勘察时,对重庆东、西、南、北温泉以及青木关、璧泉、统景等温泉均进行过水温、流量、水化学成因的研究。

1958—1965 年,随着对石油深部勘探的揭露,地质工作者发现二叠系、三叠系石灰岩层贮存较丰富的地热水资源,由此开始进行区域性的热水水文地质条件的研究工作。1958 年牟鸿伟等专家对重庆附近温泉的补给来源进行了研究,认为以纵向补给为主。四川地质局第四大队于 1963 年编著的《四川盆地温泉成因》中引用了大量实际资料,肯定了温泉水热源是由地热供给的,并且补给来源是纵横并存的。1965 年中国科学院地质与地球物理研究所编写的《四川盆地地热工作简报》将四川盆地的地温梯度详细划分为高、中、低 3 个带,其地温梯度值是高温带 2.44 ℃/100 m、中温带 1.99 ℃/100 m、低温带 1.3 ℃/100 m。

1966—1976 年是重庆地下热水资源深入调查研究的重要工作阶段。通过区域水文地质调查,查明了盆地温泉的分布、出露层位、水质、水量现状和开发利用价值。1970 年 8 月,南江地质队编入四川省地质局,开展区内的水工环地质工作。为了研究温泉的开发利用途径,1974 年四川地质局南江水文队编写了《川东地区温泉及其水文地质特征》。1975 年四川地质局成都水文队编制了《四川省 1∶100 万地下热水分布图》和说明书。1973—1976 年,各队在开展1∶20万区域水文地质普查时,对图幅范围内的地热水点进行了调查,且将成果编绘进报告及图件。

1977—1996年,地质工作者开展了大量的地热地质工作,发表了不少地下热水资源研究和总结性文章,其中四川地矿局地质处1981年编写了《四川省地下热水资源》报告,在热水资源研究程度、利用情况、分布与构造关系、温泉温度分类等方面进行了总结。地矿部成都地质矿产研究所在1986年6月完成的《四川地下热水的水文地质结构类型与分布规律》中指出,四川(含重庆)热水资源丰富,但开发利用率不到0.15%,热能利用率不到7.8%。文中还分析了未被利用的原因:一是温泉多分布在人烟稀少、交通不便的地方;二是缺乏系统的研究。该文还指出:温泉所在深部热储层的地温远远高出温泉出露的水温。此外,在热水水文地质结构类型划分方面,该文提出了柱状汇流型、层状汇流型和混合型3种。文章最后对四川盆地内地热区进行了划分,重庆市分布有:荣昌—隆昌、合川—沙溪庙两个地热区。在此期间,南江地质队本着"就热打热,保温增量"的原则,开展了多处地热水勘查。1977—1978年,南江地质队对断流后的南温泉地热水进行了勘查,打成地热水钻井3眼,最大可采水量4 700 m³/d,使南温泉焕发了青春。1984年,南江地质队又承接了小泉的地热水资源勘查,设计了5个勘探孔,成井3眼,获得了水温42~46 ℃、水量3 000 m³/d的地热水。此后,又相继开展了西温泉、铜锣峡的地热水勘查,也获得了良好的效果。

1997年6月,重庆直辖,迎来了地热地质工作的新局面。1999年10月,南江地质队承接了重庆市南岸区海棠晓月的地热水资源勘查,开创了市内深井开采地热水的先河。在以后的几年间,南江地质队共开展了56处地热水资源可行性论证,15处地热水钻井,编写提交了地热水水源地评价报告和地热水规划报告共45份。

在2002年以后的几年间,重庆市地质矿产勘查开发局208地质队开展了重庆市金刀峡柳荫—静观段地热资源调查、重庆北碚区有关北温泉及缙云山风景区水文地质调查、江津市双福镇冒水湖地热资源勘查可行性论证、巴南区东泉公安局地热水可行性研究、南岸区东泉山庄地热水勘查、重庆市北碚区静观"中国花木之乡"地热资源勘查可行性论证等10余项。

除以上工作外,在渝的其他地勘单位结合重庆市的旅游规划和旅游资源开发,开展了大量的地热地质工作。重庆地质矿产研究院于2003—2005年编写了《重庆市万盛区温塘地热水勘察可行性论证报告》《重庆市万盛区温塘地热水详查评价报告》《武隆县羊角镇盐井峡温泉地热水资源开发利用方案》等。2001年,重庆市地质矿产勘查开发局107地质队对彭水县阳光温泉城县坝温泉进行了调查研究,提交了《重庆市彭水县阳光温泉城县坝温泉详细勘查报告》。

市内的其他相关单位,也开展了一些地热水勘查与开发利用工作。据不完全统计,重庆市境内共发现温泉点41个,打出热水井58口,大部分已开发成著名旅游景区,如重庆市东温泉、北温泉、南温泉等,为重庆市的旅游业作出了重大贡献。

2008年,重庆市国土资源和房屋管理局(现为重庆市规划和自然资源局)组织以南江水文地质工程地质队牵头的相关专家,编制了《重庆市地热资源勘查开发利用规划》,规划期为

2007—2020 年。该规划较为系统地分析总结了重庆地热水资源的特点和存在的问题,对重庆市多年来地热水的勘查、开发起到了指导性作用。

2010 年,为了申报"中国温泉之都",重庆市人民政府牵头,专门成立了"申报工作领导小组"和"温泉之都报告编制委员会",针对重庆主城 9 区的温泉水形成机理、地热田划分、地热水资源储量及开发利用潜力等,进行了系统总结和评价。

2010 年以来,重庆市投入市级财政资金近 3 亿元,开展地热资源勘查项目约 50 个,目前已勘查成功的地热井近 30 口,钻获地热水资源量约 5.4 万 m^3/d,水温介于 38.5 ~ 64 ℃,为重庆市提供了近 30 处温泉供水水源地,促使重庆"一圈百泉"的温泉战略格局基本形成,为重庆市申报"世界温泉之都"提供了资源保障。

通过以上工作的开展,基本查明了重庆市的地热地质环境条件,大致摸清了热储层、热储盖层、热储下部相对隔水层等热储构造的基本特征和地热水资源量,以及地热水的水化学特征,并总结了重庆市地下热水的补给、径流、排泄条件及富集区,为重庆市地下热水的开发规划提供了较为可靠的地质依据。

在开展地热勘查的同时,也完成了多项综合研究工作。代表性的有南江地质队 2004 年完成的"重庆市中温地热水资源研究";2011 年完成的"重庆市地热资源勘查风险决策方法研究"和"重庆市都市经济圈地热水资源可再生性研究";2016 年完成的"渝东南断裂型地热水资源形成机理及勘探风险研究";208 地质队 2018 年完成的"地热井井间干扰模拟预测研究"等。这些综合性研究工作对地热勘查工作进行了归纳总结,更深入地对工作区地热地质条件进行研究,为地热勘查及开发提供了更科学的理论依据,提高了地热勘查的工作效率和理论水平。

尽管前人做了大量工作,但限于各项目的不同,所研究的侧重点也有所不同,所以存在诸多问题。一是研究精度偏低,地热水深埋于地下,现有的研究手段不便于精细研究;二是研究范围偏小,更多注重"单井"或"单点"的研究,而缺乏区域性、系统性的研究探讨;三是对资源量的评价只是"单点"或局部的,缺乏区域性定量评价;四是没有针对存在的问题进行专门研究。

1.3　研究内容及方法

多年来,重庆市地质矿产勘查开发局所属的各地勘单位,无论是基础性、公益性的地质勘查,还是商业性的地热勘探开发,均做了大量工作,拥有了大量的资料,积累了丰富的经验。然而,这些资料均较"散",缺乏系统的收集整理和总结。本书是在收集整理近十多年来,重庆市地热资源勘查开发积累的资料基础上编辑而成,希望从中总结和梳理出一些规律,并介绍国内一些先进的地热井钻进方法,以供阅读者参考和借鉴。

在研究内容方面,本书主要从以下几方面进行:

①根据重庆的地质构造及岩层特点,从"成矿"的角度研究地热水热储构造的形成机理。

②从水文地质学的角度,研究地热水的补给、径流、排泄关系,找出其规律性,为地热井井位选择提供依据。

③从化学分析的角度,研究地热水的水化学特征,为进一步发掘其开发利用价值打下基础。

④地热井钻探施工周期长,费用高,是地热水资源勘查的重要环节。对钻井设备及工艺的研究,有利于降低勘查开发成本。

⑤尽管地热水资源属清洁能源,但在勘探开发过程中难免会造成对环境的破坏。所以本书强调了"绿色勘查"和"绿色矿山建设"的一些要求。

在研究方法方面:

①注重点面结合。重庆市辖区面积达 8.24 万 km^2,主城 9 区与渝东北、渝东南的地质构造及岩性特征有较大差别,大部分地热资源分布在主城 9 区,而且主城 9 区的人口相对集中,经济较为发达,地热水资源的开发利用条件较好。因此,将主城 9 区作为"重点区域"进行剖析研究,有利于进一步丰富基础资料,积累经验,以"点"带"面",为进一步开发利用好地热资源奠定基础。

②剖析成功案例,介绍地热井在特定条件下的处置方法。如定向钻进、酸化洗井增大出水量、隐伏断层的处置手段等。

③运用数值模拟等先进方法和手段,研究井间干扰的影响因素,给出合理的井间距建议,为地热井合理确定井位及后期开采提供依据。

④运用模糊数学模型、决策树模型和层次分析法模型等数学分析方法,开展地热资源勘查风险评价研究,经综合比较,推荐决策树模型用于地热资源勘查风险评价,可为地热资源勘探开发者提供决策参考。

2 重庆自然地理及地质特征

2.1 交通位置

重庆位于我国的西南部,是承东启西的要冲,是长江中上游的第一大城市,也是我国的第 4 个直辖市。重庆交通发展迅速,现已形成了水、陆、空综合交运枢纽。水运有长江、嘉陵江及乌江,万吨级货轮可达长江上游最大的重庆寸滩保税港区;陆运有"一枢纽十干线"铁路网与"三环十射"高速公路网,"四小时重庆""一小时主城"全面实现;空运可到达乌鲁木齐、北京、上海、广州等国内大中城市及东京、名古屋、杜塞尔多夫、曼谷等国际城市。内陆开放高地加快崛起,以长江黄金水道、中欧班列等为支撑的开放通道全面形成。

2.2 气候特征

重庆市气候具有平均气温高、降雨充沛、空气湿度大、少霜雪等特点,属典型的亚热带湿润性季风气候。由于区域地形复杂,气象要素随时空有明显变化。市域大江河沿岸 400 m 以下,多年平均气温为 16～19 ℃,东部稍低于西部。各地冬季极端最低气温均在 0 ℃以下,夏季沿江河地带是区内高温区之一,极端最高气温多在 40 ℃以上(最高达 44 ℃)。市内除具有冬暖、春早、夏热、秋凉的特点外,还具有立体气候特征,气温随海拔高度的增大而降低,特别是涪陵以东尤为明显,长江等河谷年平均气温多在 18 ℃以上,两侧山地则降至 15～17 ℃,甚至 10 ℃以下(如大巴山等地)。

市域内的降水季节分布特点是冬干、夏雨、伏旱、秋淋,多年平均降水量多为 1 000～1 200 mm。雨季主要集中在 5—9 月,占全年降水量的 68%～70%,且常有暴雨发生。降水量受地表影响极大,在一定范围内降水量随高程增大而增加的趋势明显,如长江以南山地降水量达 1 770 mm,而北部大巴山均在 1 600 mm 以上,西部华蓥山最高达 1 396 mm,而长江河谷明显减少,巫山、奉节以及丰都、涪陵不足 1 100 mm。区域内相对湿度较高,达 63%～

81%，在时空上仍有明显变化，冬季云阳以西达 80%~83%，东部峡谷低于 75%；夏季万州可达 80%，其余均在 75% 以下。

2.3　地质构造特征

重庆市处于北东、北北东向新华夏系构造为主体的构造区域。渝东、西部属华蓥山七曜山高隆起褶皱带（以下简称"渝东、西部褶皱带"）、渝西边缘褶皱带，渝东南为武陵山褶皱带，渝东北属大巴山弧形褶皱带。

1）渝东、西部褶皱带

渝东、西部褶皱带由一系列平行至雁行排列的隔挡式梳状褶皱高隆起背斜构造（十余个）和走向压性断裂组成，多属北北东向的新华夏系。其西南部属重庆帚状构造带，以沥鼻峡、温塘峡、观音峡等背斜为主干，向北东收敛与华蓥山大背斜南端相接，向东南撒开。东北部受大巴山弧形构造的影响，构造线向北东偏转，以至呈东西向。褶皱构造呈线形高隆起背斜明显，如华蓥山、铜锣峡、明月峡、方斗山等背斜沿北东至南西向延伸长达 120~250 km。背斜陡窄，两翼岩层倾角在 45° 以上，以至直立或局部倒转，宽 3~5 km，向斜宽缓，翼部地层倾角在 30° 至近水平，宽 10~30 km。

2）渝西边缘褶皱带

渝西边缘褶皱带分布于华蓥山深大断裂以西的合川、铜梁、大足、荣昌等地，主要以一些平缓的褶皱为主体，褶皱轴向呈北北东向，背斜及向斜规模一般都不大，是较典型的平缓褶皱区。

3）渝东南（武陵山）褶皱带

渝东南（武陵山）褶皱带以奉节、巫山以南的七曜山断裂带为界。该褶皱带主要由一系列坳陷与褶皱和压扭性断裂、纵张断裂组成。背斜相对宽缓，向斜相对狭窄，构成所谓"箱状褶皱"。断裂常在背、向斜转折端部发育。

4）渝东北（大巴山）褶皱带

渝东北（大巴山）褶皱带包括城口、巫溪一带，由一系列紧密排列的复式褶皱及一系列纵向断裂构成，成弓弧状北西—南东向展布，略向南凸出。

2.4　地层岩性特征

区内中生界侏罗系红色陆相河湖相沉积十分发育，渝东、西部由一套巨厚的砂泥岩红色陆相沉积层所构成，层次繁多，相变较剧烈，总厚大于 5 km。三叠系、二叠系以海相碳酸盐岩沉积为主,东西相变明显,但厚度和分布稳定,除渝东、西部高隆起褶皱带局部(背斜轴部)有出露外,渝东南、渝东北部均广泛分布。古生界除泥盆系、石炭系大部分缺失外,其余各时代地层发育均比较齐全,且以碳酸盐岩与碎屑岩为主。震旦系岩层仅见于局部地区,前震旦系为本区最古老的基底,深埋地腹 5 km 以下。新生界第三系沉积在本区缺失,第四系松散堆积层则零星散布在现代河谷及两侧的阶地上。

本书只论述与热储构造有关的层位和岩性。

1)渝东、西部地区热储构造的层位与岩性

(1)主要热储层

主要热储层为嘉陵江组(T_1j),厚 350~600 m。一、三段为浅灰色薄、中厚层状石灰岩,局部夹页岩薄层,顶部为白云岩。二、四段为灰色白云岩、灰岩、膏盐角砾岩(深部为膏盐层)。

(2)热储盖层

第一盖层:上三叠统须家河组碎屑岩地层,以砂岩夹页岩、煤层等,厚 250~600 m;第二盖层:侏罗系红色地层,以泥岩夹砂岩地层。总厚达 3 km 以上。

(3)热储下部隔水层

飞仙关组(T_1f)/大冶组(T_1d):厚 450~750 m。灰、肉红色薄层中厚层灰岩、泥质灰岩与黄绿色页岩、砂质页岩互层。

2)渝东南及渝东北地区的热储构造的层位与岩性

(1)主要热储层

①二叠系(P):总厚 299~884 m

a. 长兴组(P_3c)厚 63~170 m:深灰色中厚层灰岩含燧石条带或结核。

b. 龙潭组(P_3l)厚 126~143 m:灰、深灰色粉砂质黏土岩夹粉砂岩及煤层,中上部夹灰岩、硅质岩,底部为黏土岩、黄铁矿等。

c. 茅口组(P_2m)厚 80~250 m:下部深灰色厚层状生物灰岩;中部灰、浅灰厚层状灰岩、含燧石结核灰岩;上部为浅灰色厚层灰岩。

d. 栖霞组(P_2q)厚 27~300 m:深灰、灰色厚层状灰岩、生物碎屑灰岩,含燧石团块,下部夹少量有机质页岩。

e. 梁山组(P_1l)厚 3~21 m:下部为灰绿色、绿泥石铁矿透镜体及黏土岩;中部为白灰、深灰色含高岭土黏土岩或铝土岩;上部为黑色炭质页岩夹煤线等。

②奥陶系(O):总厚 172~592 m

a. 上统五峰组(O_3l)厚 10~25 m:灰、黄绿色中厚层瘤状泥质灰岩,硅质灰岩、黑色炭质、硅质页岩。

b. 中统宝塔组(O_2b)厚 22~73 m:青灰、紫红色厚层龟裂纹灰岩、泥质灰岩、灰黑色页岩。

c.下统大湾组(O_1d)厚150~492 m:灰、深灰色厚层灰岩、白云质灰岩、生物灰岩,灰绿、黄绿色页岩。

（2）次要热储层

寒武系($\in$)及震旦系(Z):白云岩、灰岩等。

（3）热储盖层

志留系(S)中下统龙马溪组/罗惹坪组/沙帽组(S_{1-2})厚1 200~1 400 m:灰、灰黄、黄绿色页岩为主,夹粉砂岩、泥质粉砂岩、砂岩和生物碎屑石灰岩。

（4）热储下部隔水层

前震旦系(Ptb/Pty):变质岩系。

2.5　地形地貌特征

1）地形地貌总体特征

渝东、西部地带以平行岭谷为主要特征,背斜成山,向斜为谷;江河横切山脉呈峡谷。山中有"槽"、谷中有"台";"槽"有"高槽"与"低槽",由槽坡、槽洼、槽丘组成;岭丘、谷丘、台丘构成"谷"。

渝东南、东北山地,则多以向斜呈山、背斜为谷;江河深切成峡谷为其特征。

2）渝东、西部平行岭谷

渝东、西部平行岭谷面积约4.6万 km^2,以构造剥蚀作用形成的低缓丘陵及低山为主,广泛分布侏罗系红色岩层。海拔200~700 m,总的趋势是北高、南低、西高、东低的特点。

低山部分主要由上三叠统须家河组以老地层组成,其山脉走向受高隆起背斜构造控制,一个背斜构造组成了一个山脉,即北北东或北东向多条山脉平行排列,其间被红色地层的丘陵地形分隔。

各条形低山地貌,多由背斜两翼的碎屑岩组成的单斜脊状山岭,山岭标高500~700 m,其间多为中下三叠统碳酸盐岩地层形成的"高位"岩溶槽谷地形。槽底较平坦,标高一般为400~500 m,其上常有溶丘、孤峰分布,并有洼地、落水洞、溶洞发育。

红层丘陵地貌,处于向斜构造部位,在向斜翼部靠近低山前沿常有砂岩层形成长垣状低矮山丘地形;近向斜轴部多由上侏罗统的蓬莱镇组砂岩地层构成桌状山地形,其余地段由平缓的丘陵地形组成。丘陵区冲沟纵横,并有小溪发育。

3）渝东南及渝东北山地区

山地呈北东、东南方向展布。东北部有大巴山,东南部有巫山、武陵山。山地标高1 000~2 000 m。边缘山地大部由古生代碳酸盐岩组成,岩溶发育,多奇峰异洞和雄伟的山体与险峻的侵蚀峡谷地形,如长江三峡及大宁河小山峡、乌江峡谷地貌。

3 重庆地热水资源分布及其特征

3.1 重庆地热水资源分布概况

从已经开发利用的温泉资料分析统计,重庆80%以上的温泉分布在主城9区及其周边,即渝中区、沙坪坝区、江北区、北碚区、九龙坡区、南岸区、巴南区、渝北区、大渡口区,以及邻近的璧山区、江津区、綦江区、万盛区、南川区、长寿区的部分地区。渝东南目前成功实施的地热井仅3口,渝东北目前成功实施的地热井仅1口,如图3.1所示。

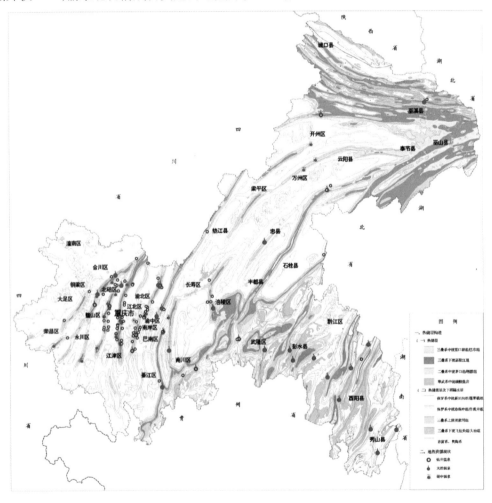

图3.1 重庆地热水资源分布图(渝S〔2014〕22号)

3.2 天然出露温泉

天然出露的温泉常以泉群的形式分布于横切高隆起背斜江河河床及近岸边,其高程多数在 250 m 以下,处于当地侵蚀基准面附近。只有少许温泉出露在"高位"岩溶槽谷内,如铜梁区沥鼻峡背斜近轴部的岩溶槽谷中的陈家湾温泉及山坳冲沟中的西温泉,高程均在 410 m 左右,乌江流域内的酉阳县杨家坝温泉及秀山县的石耶温泉、峨溶温泉高程在 390 m 以上。

温泉多集中在重庆主城区附近,水质属硫酸盐型低温微咸热水,热储层主要为嘉陵江组地层;在忠县以东的温泉部分为氯化钠型的低温咸盐热水,热储层主要为巴东组地层;乌江流域及大巴山一带的温泉为氯化钠型的低温盐卤热水,热储层位为奥陶系及寒武系地层。

温泉的流量一般小于 500 m³/d,最大流量的温泉为统景温泉达 8 000 m³/d 以上,最小的只有数十立方米每天。由于人类工程活动或自然因素等原因的影响,少数温泉发生了断流或流量减少的现象。如铜梁西泉、合川盐井温泉及南川神童温泉等已基本断流。

乌江流域温泉的水温普遍较高,如武隆区盐三堆温泉、彭水县城边温泉、酉阳县大河口、酉阳县杨家湾等处的温泉水温均大于 50 ℃。其余地区的温泉,除统景温泉群中有个别水温达 50 ℃外,大多数在 40 ℃ 左右,见表 3.1—表 3.3(注:统计表中利用现状截至 2019 年 12月)。

表 3.1 地面出露温泉统计表

编号	温泉名称	流量 /(m³·d⁻¹)	泉口高程 /m	水温 /℃	水化学类型	利用现状
S1	巫溪县团源山温泉	1 965	245	28	Cl-Na	曾用于制盐
S2	开州区温泉镇	542	300	36	Cl-Na	常淹没
S3	北碚区北泉三角池	>2 000	泉群 220~285	37	SO₄-Ca	已开发
S4	铜梁区陈家湾	1 431	410	28	SO₄-Ca	农灌
S5	沙坪坝区青木关	921	泉群 317~329	29	SO₄-Ca·Mg	钻井开采
S6	江北区御临河	86	185	35	SO₄-Ca	常淹没
S7	涪陵	389	138.70	27	SO₄-Ca·Mg	常淹没
S8	江北区铜锣峡	400	160	28	SO₄-Ca·Mg	常淹没
S9	巴南区明月峡	2 479	180	32	SO₄-Ca	常淹没
S10	巴南区小泉	212	218	35	SO₄-Ca	断流、钻井开采
S11	巴南区南温泉	420	218	42	SO₄-Ca	钻井开采
S12	巴南区东泉	2 479	220~245	27~45	SO₄-Ca	正在开发
S13	江津区猫儿峡	2 180	泉群 180~190	28~31	SO₄HCO₃Ca·Mg	常淹没

续表

编号	温泉名称	流量 /(m³·d⁻¹)	泉口高程 /米	水温 /℃	水化学类型	利用现状
S14	巴南区桥口坝	544	泉群220左右	30~34	SO₄-Ca·Mg	养殖
S15	万盛区温塘	1 036	泉群275左右	41~46	SO₄-Ca	已开发
S16	武隆区羊角镇	2 032	180	>42	SO₄-Ca·Mg	常淹没
S17	武隆区盐三堆	>800	185.6	55	Cl-Na	常淹没
S18	武隆区芙蓉江	>100	187.5	38	Cl-Na	被水库淹没
S19	彭水县城边	>170	220	51	Cl-Na	常淹没
S20	酉阳县大河口	470	342	55	—	淹没
S21	酉阳县杨家湾	490	430	55	HCO₃-Na	常淹没
S22	秀山县热水坝	1 160	300	44	HCO₃-Ca	正在开发
S23	秀山县峨溶	390	398	47	SO₄-Na	准备开发
S24	秀山县石耶	860	400	37	HCO₃-Ca·Na	正在开发

表 3.2 洞中温泉统计表

编号	温泉名称	流量/(m³·d⁻¹)	洞口高程/m	水温/℃	水化学类型	利用现状
Ks1	渝北区下感应洞	190	198	26	SO₄-Ca·Mg	未利用
Ks2	巴南区东泉热洞	40	232	39	SO₄-Ca·Mg	已开发

表 3.3 已断流温泉统计表

编号	温泉名称	流量 /(m³·d⁻¹)	泉口高程 /m	水温 /℃	水化学类型	利用现状
Ds1	合川区盐井镇	174	—	27	HCO₃·SO₄-Ca	断流
Ds2	渝北区统景女池	500	195~210	45	SO₄-Ca·Mg	钻井开采、已断流
Ds3	铜梁区西泉	2 000	420	35	SO₄-Ca·Mg	断流
Ds4	南川区神童	86	—	27	SO₄-Ca·Mg	断流
Ds5	南川区三泉	173	570	39	SO₄-Ca·Mg	断流、钻井开采
Ds6	彭水县郁江镇	173	295	25	Cl-Na	断流

3.3 人类工程活动形成的温泉

3.3.1 钻井揭露的温泉

1）浅钻井温泉

浅钻井温泉主要是为了扩大天然温泉的开发，即"就热打热"。目的：一是达到保温增量，二是获得增温增量。前者如南温泉；后者如小泉温泉及东泉。此外，在供水勘探的钻井中有少数钻井也打出了水温在 25 ℃以上的温泉水。如南温泉背斜北倾没端鸡冠石矿泉水钻井、花溪河峡谷段的小泉矿泉水钻井均在须家河组地层中打出水温在 25 ℃以上、每天流量达数百至一千余立方米的地热水。

2）深钻井温泉

在高隆起背斜翼部具有热异常的地段采用钻深井的办法（井深一般大于 1 000 m），也能获得较好的效果。如南温泉背斜北端的慈母山钻井温泉，井深 1 107.5 m，水头压力 0.3 MPa，涌水量 1 670 m³/d，水温 40 ℃，矿化度 3 g/L，水化学类型为 SO₄-Ca·Mg 型。南温泉背斜西翼的海棠晓月钻井温泉，井深 2 062 m，水头压力 0.29 MPa，涌水量 2 500 m³/d，水温 52.5 ℃，矿化度 2.9 g/L，水化学类型为 SO₄-Ca 型。此外，还有铜梁区巴岳山钻井温泉，也获得了较好的效果。

3.3.2 坑道揭露的温泉

坑道揭露的温泉主要分布于重庆附近各高隆起背斜构造的翼部，它出现在采煤坑道及隧道工程中。其中采煤坑道的温泉较多，最典型的有：

江津长冲煤矿坑道，该坑道位于温塘峡背斜南段西翼，平洞进入须家河组底煤层后，从坑道底涌出极大的温泉水，流量每日达数万立方米，水温大于 25 ℃，水化学类型属 SO₄-Ca 型。

中梁山铁路隧洞，该洞进入洞内 500 余米处涌水水温达 28 ℃，流量每日大于 500 m³，水化学类型属 SO₄-Ca 型，矿化度小于 2 g/L。

铜梁区三谊石煤矿坑道，处于沥鼻峡背斜中段西翼，平洞深数百米，排出的水温度达 28.5 ℃，流量每日达 8 000 m³，水化学类型属 SO₄-Ca 型。

包括以上 3 处在内，坑道揭露的温泉共有 7 处，水温一般均大于 25 ℃，流量每日在 2 000 m³左右，见表 3.4。

表 3.4　坑道温泉特征统计表

编号	坑道位置	洞口高程/m	流量/(m³·d⁻¹)	水温/℃	水化学类型	利用现状
K1	三谊石煤硐	403	8 000	28.5	SO_4-Ca	养殖热带鱼等
K2	红旗 2 号煤硐	350	518	>25	SO_4-Ca	已封堵
K3	安子山煤硐	340	129	29	SO_4-Ca	已封堵
K4	中梁山铁路隧道洞内	340	500	28	SO_4-Ca	农副业或养殖热带鱼
K5	杨家湾煤硐	345	>1 000	25	SO_4-Ca	农副业或养殖热带鱼
K6	长冲煤硐	263	80 000	25	SO_4-Ca·Mg	养殖热带鱼、发电
已断流坑道温泉						
DK1	璧泉煤硐	370	957	32	SO_4-Ca·Mg	已断流

3.4　重庆地热水分布主要特征

重庆地热水是在特定的地热地质条件下形成的,与其他地区地热水有一定差异。重庆市内河流属长江水系,主要支流有嘉陵江、乌江。长江自西南向东北流贯全市,水面标高 160 ~ 80 m,为本市最低排泄基准面。主要河流在横切背斜构造时,常成峡谷。在重庆主城区附近长江、嘉陵江上的峡谷众多,如长江猫儿峡、铜锣峡、明月峡及嘉陵江小三峡(沥鼻峡、温塘峡、观音峡)。此类峡谷的存在,对本区地热水资源的径流、排泄具有极其重要的作用,几乎每个峡谷均有温泉分布。

①主城区及其周边(渝东、西部地区)以下三叠统嘉陵江组与中三叠统雷口坡组(东部为巴东组)碳酸盐岩地层为主要热储层,它遍布全区,但只出露于各高隆起背斜近轴部,呈带状平行展布为其特征。

②渝东南、渝东北地区(大巴山、武陵山地区)以寒武系、奥陶系、二叠系碳酸盐岩地层为主要热储层,主要沿背斜轴部出露。

③市内凡江河横切高隆起背斜而成峡谷,峡谷中常有温泉分布。这反映了地热水的补给、径流、排泄受长江、嘉陵江、乌江及其支流的控制。

④地热水的出露多以泉群的形式为其特征,但各个泉口出露的高程参差不齐,如东温泉等处的泉群出露高差达数十米。

⑤主城区附近温泉分布具有对称性(背斜两翼)的特征,如南温泉背斜中段,南泉(背斜东翼)与小泉(背斜西翼),还有统景(铜锣峡背斜两翼)的温泉。这反映了两翼分布的温泉水的补充来自本身翼部热储的地热水,而渝东南、渝东北的温泉具有沿断裂带分布的特征。

⑥主城区附近温泉常以自身背斜的倾没端为汇聚中心,如桃子荡背斜北端的东泉、南温泉背斜南倾没端的桥口坝温泉,这反映了背斜倾没端常是两翼"热水库"汇聚的中心。

⑦主城区附近温泉水的水质以硫酸盐型为其特征,矿化度在 3 g/L 左右,水温小于50 ℃;渝东南、渝东北地区温泉水质以氯化钠型为其特征,矿化度大于 10 g/L,温度大于50 ℃。

⑧主城区温泉水的流量普遍大于渝东南、渝东北地区温泉水流量。

⑨主城区附近温泉出露区,浅钻井揭露的单井出水量一般为 1 000 ~ 2 000 m³/d,水温在45 ℃左右,水的含铁量(FeO)低;在背斜翼部(热水库)地区用深钻井揭露的单井出水量一般大于 2 000 m³/d;水温一般大于 50 ℃,但含铁量较高。

⑩主城区附近各高隆起背斜中的"热水库",各有自己的补给、径流、排泄系统,因此,各个"热水库"相互之间均无水力联系。

3.5 热储构造及水化学类型划分

按地热地质条件的不同及水化学类型差异,可将重庆地热水划分为 4 个区。

1)渝东、西部高隆起背斜构造

渝东、西部高隆起背斜构造是以硫酸盐型为主的低温微咸热水区。

此类型主要集中分布于重庆近郊各区县,如忠县以西地段,构造上以重庆弧褶带的沥鼻峡、温塘峡、观音峡、南温泉及铜锣峡、明月峡等背斜为主。

该类型以下三叠系嘉陵江组碳酸盐岩层为主要热储层,埋藏于各背斜翼部深 1 000 ~ 2 000 m;热储层位以下为下三叠系飞仙关组碎屑岩地层,为隔水岩层;热储层位以上为上三叠系须家河组及侏罗系红色泥岩地层,为热储的保温盖层。上述三者共同组成了各高隆起背斜并构成了一个完整的热储构造。岩溶槽谷汇聚大气降水下渗而补给热储层,地热水在深部主要顺背斜构造作纵向径流,尔后在横切背斜构造的河谷地段,即在地表减压最大的地段或当深部断裂与地表相通时,则常有地热水出露地表形成温泉。

温泉水质多属硫酸盐型低温微咸热水,矿化度一般在 2 ~ 3 g/L。温泉出露多以泉群的形式,水温达 25 ~ 50 ℃,一般温泉水温为 35 ~ 42 ℃。

钻井揭露的地热水,目前最高水温可达 62 ℃,自流量每日达数千立方米;揭露到的最大自流量为 2.3 × 10⁴ m³/d(如巴南区的桥口坝南二井)。

此外,在其余低隆起背斜区(指地表未出露下三叠系嘉陵江组地层)出露的地热水一般为氯化物型低温微咸-盐卤热水类型(如忠县以东的部分地区)。一般水量较小,水温也较低(36 ℃以内)。

2)渝西边缘低隆起背斜构造

渝西边缘低隆起背斜构造为氯化物型低温盐卤热水区。

该类热水区主要分布于合川、铜梁、双桥一线以西的广大红层丘陵区,其地表无温泉分布。嘉陵江组热储层位深埋地下 2 000 m 以上,其封闭条件极好,因此,热储中的地热水径流条件差,基本处于停滞的状态,故地热水多属氯化物型低温盐卤热水。矿化度一般大于 50 g/L。如合川 25#(天然气井),井深 2 907 m,矿化度为 73 g/L。

3)渝东南(武陵山)褶皱构造

渝东南(武陵山)褶皱构造是以氯化物型为主的低温微咸-盐卤热水区。

该类型主要分布于武隆、彭水、巫山以南的地区,主要热储以奥陶系、寒武系及二叠系碳酸盐岩地层为主,除秀山地区的温泉为硫酸盐型低温微咸热水外,其他地区的温泉,其水化学类型多属氯化物型中低温咸盐热水。如彭水温泉,水温为 51 ℃,流量 170 m³/d,矿化度小于 5 g/L;武隆太平子温泉,出露于寒武系地层中,矿化度达 11.8 g/L,流量大于 500 m³/d。

此外,南川三泉温泉,出露于奥陶系地层中,但水化学类型属硫酸盐型低温微咸热水,水温 39 ℃,流量每日达数百立方米。

4)渝东北(大巴山)褶皱构造

渝东北(大巴山)褶皱构造为氯化物型低温盐卤热水区。

该类型主要分布于开州温泉镇、奉节竹园镇一线以北近东西向紧密褶皱带山地。该区主要出露二叠系-寒武系地层,地层多属含盐地层。据有关资料记载,该区盐钻井较多,但天然温泉却分布极小。目前仅有巫溪县明通一处盐钻井温泉的资料。该盐井温泉属氯化物型低温盐卤热水(制盐用)。

4 重点区域地热水资源研究

4.1 重点研究区域

重庆地热资源丰富、品质优良、类型多样、覆盖面广,几乎涉及所有的区(县)。已经开发利用的地热水资源80%以上分布在重庆主城9区(即渝中区、大渡口区、江北区、沙坪坝区、九龙坡区、南岸区、北碚区、渝北区、巴南区)及其周边。分布面积5 467 km²,地热资源储量在$400 \times 10^8 m^3$以上,日均开采量在$40 \times 10^4 m^3$以上。渝东南目前成功实施的地热井仅3口,渝东北目前成功实施的地热井仅1口。主城9区人口集中,经济较为发达,且与自然景观、历史人文景观融合性好,特别适合地热水的开发利用。所以,将主城9区及周边地区作为重点研究区域(以下简称"研究区"),其范围如图4.1所示。

4.2 地形地貌

研究区内地貌受岩性和构造的控制明显。背斜成山,向斜成谷,局部呈桌状山,江河横切山脉成峡谷,其景观展布与构造线相吻合。区内地貌主要为长江河谷丘陵地貌及平行岭谷地貌。长江为区内最低侵蚀基准面,标高154~178 m,东部及东南部地势高,一般海拔标高为650~800 m。

丘陵区:分布于平行岭谷之间,地形标高一般为320~450 m。在木洞东侧及忠兴乡西侧之桌状山为650~700 m,靠近长江河谷两岸的丘陵区,地形稍低,地形标高为220~380 m。

平行岭谷区:呈长条形,延伸方向近于南北向,分布于高隆起背斜轴部,多有碳酸盐岩出露,常形成岩溶槽谷,槽底平坦,标高一般为400~500 m,槽内常有溶丘、孤峰分布及洼地、落水洞、溶洞发育,并由坚硬的须家河组长石石英砂岩构成山地两侧的外山,呈现锯齿状列峰山岭和单面山岭,山岭标高为500~700 m,形成"一山二槽三岭"或"一山一槽二岭"地形。

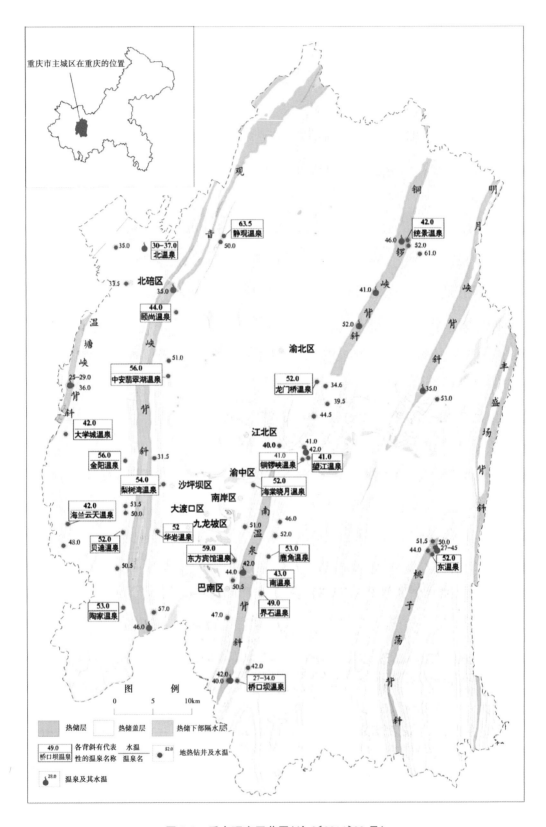

图 4.1　重点研究区范围(渝 S〔2014〕22 号)

4.3 地层岩性

研究区内出露地层为二叠系:上统长兴组(P_3c);三叠系:下统飞仙关组(T_1f)、嘉陵江组(T_1j),中统雷口坡组(T_2l),上统须家河组(T_3xj);侏罗系:下统珍珠冲组(J_1z)、自流井组(J_1zl),中统新田沟组(J_2x)、沙溪庙组(J_2s),上统遂宁组(J_3sn)、蓬莱镇组(J_3p);新生界:第四系土层(Q_4),详见表4.1。

表4.1 重点研究区地层简表

界	系	统	组		代 号	厚 度/m	岩 性	分布范围
新生界	第四系	未分统	—		Q_4	0~85	河流冲积的砂、砾、卵石及砂质黏土等阶地,漫滩松散堆积物。崩坡积砂质黏土夹块石土	分布在长江及其支流沿岸
中生界	侏罗系	上统	蓬莱镇组		J_3p	300~706	暗紫红色泥岩夹浅色长石石英砂岩	广泛分布于丘陵谷地及低山区
			遂宁组		J_3sn	455~505	砖红色泥岩为主,上部夹紫灰色长石石英砂岩,底部为砖红色砂岩	
		中统	沙溪庙组	上段	J_2s^2	985~1 340	紫红色泥岩夹长石石英砂岩,上部有鲜红色砂岩及泥岩夹层,底部为"嘉祥寨砂岩"	
				下段	J_2s^1	204~391	紫红色泥岩夹砂岩,顶部为黑色至黄绿色"叶肢介页岩",底部为"关口砂岩"	
			新田沟组		J_2x	170~200	紫红、黄绿等杂色泥岩夹泥质粉砂岩,底部为"凉高山"砂岩	
		下统	自流井组		J_1zl	180~280	灰绿色泥岩夹石英砂岩及灰岩、生物碎屑灰岩	
			珍珠冲组		J_1z	125~175	紫灰泥岩夹中-厚层状-石英砂岩。底部为炭质页岩,偶见赤铁矿	
	三叠系	上统	须家河组		T_3xj	284~782	灰色长石石英砂岩夹泥页岩及薄层煤层	条形低山区
		中统	雷口坡组		T_2l	35~101	灰岩,白云岩为主,底部含钾,凝灰质黏土岩	高隆起背斜区多形成"高位"岩溶槽谷(一山二槽或一山一槽)
		下统	嘉陵江组		T_1j	395~731	分四段:一、三段以灰岩为主;二、四段以白云岩与盐溶角砾岩为主,第二段中夹有黄绿色页岩	
			飞仙关组		T_1f	448~547	分四段:一、三段为紫红色页岩;二、四段以灰岩为主	
古生代	二叠系	上统	长兴组		P_3c	150~170	为灰色、深灰色,局部为灰白色中厚层状灰岩,间夹薄层白云岩、白云质灰岩。隐晶质,含燧石结核	

4.4 地质构造

按大地构造单元划分,研究区处于扬子准地台之重庆台坳华蓥山穹褶束四级大地构造单元,构造线以北北东为主,但受基底断裂以及盆地边缘构造的制约,常产生联合、复合,形成弧形或似帚状构造。狭长的背斜与宽缓的向斜相间分布,由西至东主要有沥鼻峡背斜、璧山向斜、温塘峡背斜、北碚向斜、观音峡背斜、石马向斜、铜锣峡背斜、南温泉背斜、广福寺向斜、明月峡背斜、洛碛-太和向斜、桃子荡背斜、丰盛场背斜(图4.2),地热水主要赋存于褶皱紧密的高隆起背斜翼部的嘉陵江热储层中,研究区范围内八大热储构造的基本特征分述如下。

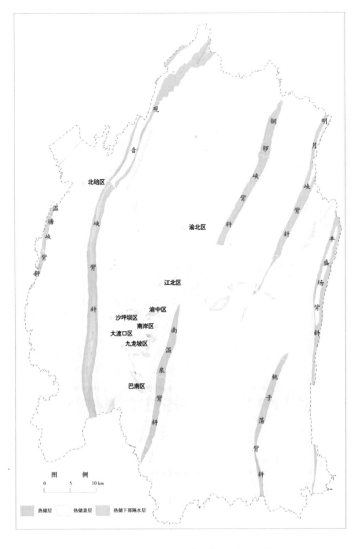

图4.2 构造纲要图(渝S〔2014〕22号)

1)沥鼻峡背斜

研究区只涉及背斜南东翼局部地段。该背斜为长条线形斜歪背斜,北起合川区三汇镇,往南跨过嘉陵江,南延至璧山区石院镇以南倾没,总长约 90 km(申报区内长约 8 km),宽 2~5 km。构造轴线延伸略呈向西弯突的弧形,轴向总体呈 NE 向,北段、中段为 N40°—50°E,南段为 N20°—25°E。两翼不对称,西陡东缓,西翼岩层倾角为 50°~80°,东翼岩层倾角为 30°~50°。沥鼻峡背斜中段,由于受构造应力的影响,背斜轴部产生次级褶皱,形成岚峰向斜,呈现复背斜构造特征。背斜轴部主要为下三叠统嘉陵江组碳酸盐地层,翼部由中、上三叠统雷口坡组碳酸盐岩与须家河组碎屑岩地层及中下侏罗统的红色地层组成。

2)温塘峡背斜

该背斜北起合川区三汇镇,北端与沥鼻峡背斜呈斜接关系,往南跨过嘉陵江,南延至江津区油溪镇跨过长江而倾没,长约 105 km(申报区内长约 60 km),宽 1~2 km。构造轴线总体延伸略呈"S"形,轴向 NE10°—40°转 NW20°→SN→NE20°;背斜为长条线形斜歪背斜,轴部狭窄尖棱,两翼不对称,东翼岩层倾向变化较大,东翼岩层倾向为 110°~120°,西翼岩层倾向为 290°~310°;背斜北段东陡西缓,倾角为 30°~80°,中段及南段西陡东缓,倾角为 30°~50°。背斜轴部主要为下三叠统嘉陵江组碳酸盐地层,翼部由中、上三叠统雷口坡组碳酸盐岩与须家河组碎屑岩地层及中下侏罗统的红色地层组成。

3)观音峡背斜

研究区涉及背斜北段,该背斜于合川区清平镇处与华蓥山背斜呈斜接复合,南端延伸至长江猫儿峡以南 25 km 燕尾山尾部倾没,轴线呈 NNE—近 NS 向展布,长约 112 km,宽度 3~5 km。背斜岩层倾角东缓西陡,东翼岩层倾角一般为 23°~55°,向南逐渐增大;西翼岩层倾角一般为 50°~80°,乃至直立。背斜轴部主要为下三叠统嘉陵江组碳酸盐地层,高隆起段则由下三叠统飞仙关组以及上二叠统长兴组碳酸盐岩地层组成。翼部由中、下三叠统雷口坡组碳酸盐地层以及须家河组碎屑岩地层及中下侏罗统的红色地层组成。

4)铜锣峡背斜

研究区涉及背斜南段,该背斜全长 180 km,南倾没端与南温泉背斜呈斜鞍相接,为一典型的"箱状构造"。轴向北东倾角为 10°~20°,东翼岩层较陡,倾角为 49°~80°,西翼岩层稍缓,倾角为 23°~44°,背斜轴部平缓,由中、下三叠统嘉陵江组-雷口坡组地层组成,翼部由为上三叠统须家河组及中下侏罗统的红色地层组成。

5)南温泉背斜

研究区涉及背斜中北段,该背斜分布在长江以南,北起南岸区鸡冠石,向南跨南温泉、桥口坝,在江津区夏坝铁厂沟一带倾没,背斜轴线呈 NNE—SSW 向、向西弯突的弧形展布,长约 50 km,背斜北端与铜锣峡背斜呈斜鞍相接。背斜东翼缓、西翼陡,东翼 30°~60°;西翼 40°~80°。背斜轴部主要为下三叠统嘉陵江组碳酸盐岩地层,翼部由中、上三叠统雷口坡组碳酸盐岩与须家河组碎屑岩地层及中下侏罗统的红色地层组成。背斜北倾没端与铜锣峡背斜斜鞍相接部有少许的压性断层。

6）明月峡背斜

研究区涉及背斜南段，该背斜北起四川省开江县中新场，南跨过长江至重庆巴南区惠民街道，长约 216 km，宽 2～8 km。构造轴线平直、无大的弯曲，总体延伸呈 NE 向，为 NE25°～35°，仅在开江县附近倾伏部分为 NE50°；为长条形斜歪背斜，轴部狭窄尖棱，两翼不对称，北西翼陡，倾角为 33°～70°；南东翼缓，倾角为 30°～48°。背斜轴部主要为下三叠统嘉陵江组碳酸盐地层，翼部由中、上三叠统雷口坡组碳酸盐岩与须家河组碎屑岩地层及中下侏罗统的红色地层组成。

7）桃子荡背斜

研究区涉及背斜的北段，该背斜北起东泉镇北部的冠山附近，止于南面的万盛区南桐，长约 58 km，轴线呈微凸向西的弧形构造，在接龙附近发育一压扭性断裂。背斜为东缓西陡的斜歪褶皱，两翼倾角分别为 20°～30°及 60°～70°，并于东泉镇北呈 20°～25°方向倾没。背斜轴部主要为下三叠统嘉陵江组碳酸盐地层，翼部由中、上三叠统雷口坡组碳酸盐岩与须家河组碎屑岩地层及中下侏罗统的红色地层组成。

8）丰盛场背斜

研究区主要涉及背斜西翼。北起长江北岸的长寿区扇沱乡，向南延伸至南川区南平镇—万盛一线，与龙骨溪背斜北西翼复合相接，长约 90 km。背斜轴线呈 N10°～15°E，为长条线形斜歪背斜。两翼不对称，两翼地层产状西陡东缓，西翼岩层倾角为 60°～80°，东翼岩层倾角为 12°～40°。背斜轴部主要为下三叠统飞仙关组、嘉陵江组碳酸盐岩地层，翼部由中三叠统雷口坡组碳酸盐岩与须家河组碎屑岩地层及中下侏罗统的地层组成。

4.5　研究区水文地质条件

根据研究区内各地层的岩性特征，地下水的理化特征从广泛意义的分类上讲主要有一般地下水和地热水两个类型。

1）一般地下水

一般地下水即通常所说的浅层地下水，按含水介质特征和赋存条件，重庆市地下水主要有碳酸盐岩类岩溶水、碎屑岩层间裂隙水、红层承压水及风化带网状裂隙水，上述四类地下水均属大气降水渗入成因，运动途径短，循环深度一般不大，通常在含水层中作纵向运动，排泄于各溪河或低洼处。在区域上各含水层与隔水层一般都呈相间分布，因此在区域相对隔水层制约下，上述四类地下水均不发生水力联系，它们各成一系统，在一般条件下对深部地热水无不良影响，此浅层地下水水温一般小于 20 ℃，矿化度通常小于 1 g/L，水质类型以

HCO_3 型为主,是生活饮用、农业灌溉之优良水源。

2)地热水

研究区内地热水均赋存于三叠系嘉陵江组和雷口坡组热储层中,由裸露于地表的灰岩、白云质灰岩接受大气降水的补给,经远距离径流和深循环在河谷横切背斜轴部的峡谷地带以天然温泉或在翼部人工钻井以人工温泉的形式排泄出地表。地热水成因以大气降水溶滤为主,兼有"古封存"水混合,经深部循环加热而成。按地热水的水质特征,可分为 SO_4 型和 Cl 型两类,矿化度前者为 $1 \sim 3$ g/L,后者为 $5 \sim 120$ g/L。从水温上看,天然状态下的温泉一般在 $35 \sim 45$ ℃,最高可达 63.5 ℃。勘探浅井(深度小于 $1\ 000$ m)揭露的地热水可明显高于天然温泉。地热水中通常含有对人体有益的多种微量元素,适宜温泉旅游、理疗保健、热供水及其他用途。

4.6 地热地质条件及其特征

4.6.1 区域地热地质环境

研究区内地热水受区域地质构造、地层岩性及地貌、水文气象等多因素严格控制和制约。地热水分布主要受高隆起背斜褶皱构造控制;热储结构受控于地层岩性;地热水的形成及补给、径流、排泄与地形地貌密切相关。

1)构造特征

研究区内地热资源主要分布于高隆起的沥鼻峡背斜两翼(在西泉有热显示)、温塘峡背斜两翼(在北温泉有热显示)、观音峡背斜两翼(在猫儿峡背斜有热显示)、铜锣峡背斜两翼(在统景有热显示)、南温泉背斜两翼(在东翼的南温泉、桥口坝温泉和西翼的小泉有热显示)、明月峡背斜两翼(在御临河、明月峡有热显示)、桃子荡背斜两翼(在北倾没端的东温泉有热显示)、丰盛场背斜两翼(在温塘有热显示)。研究区内断裂不发育。

2)岩性特征

背斜轴部为三叠系嘉陵江组碳酸盐岩和雷口坡组的碳酸盐岩夹碎屑岩;翼部为三叠系须家河组长石石英砂岩夹碳质页岩或煤层和侏罗系砂泥岩不等厚互层。

3)地貌特征

研究区主要为平行岭谷地貌区。在背斜轴部常常形成高位(如沥鼻峡背斜)或低位岩溶槽谷(如温塘峡背斜),地貌形态为"一山两槽三岭"(如南温泉背斜)和"一山一槽两岭"(如桃子荡背斜)(图4.3)。

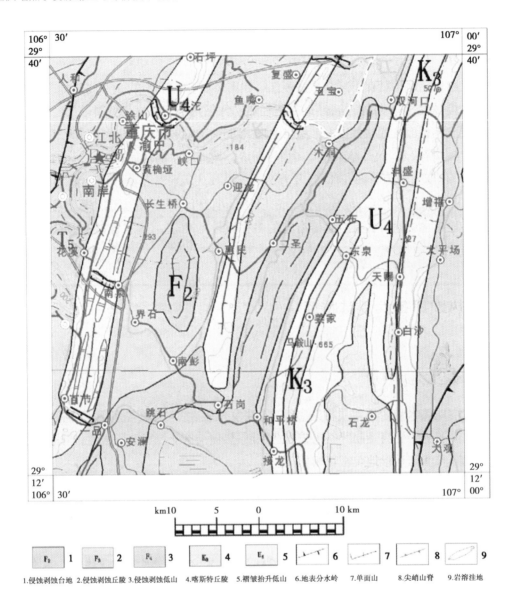

图 4.3　地貌图

1.侵蚀剥蚀台地　2.侵蚀剥蚀丘陵　3.侵蚀剥蚀低山　4.喀斯特丘陵　5.褶皱抬升低山　6.地表分水岭　7.单面山　8.尖峭山脊　9.岩溶洼地

4.6.2　地热水的形成及其特征

研究区内的地热水是在重庆这个特定的地热地质环境中形成的。由高隆起背斜轴部或近轴部的下三叠统碳酸盐岩形成的岩溶槽谷,聚集大气降水通过漏斗、溶隙等向地层深处渗透(横向径流为主),随地热增温及化学热等因素使地下水水温增高;深部地热水纵向径流(纵向径流为主),然后在地表减压最大的地段,即江、河横向深切地段("减压天窗"处)排泄地热水形成温泉。

研究区内地热水的形成以渗入溶滤水为主,兼有"古封存水"与之混合的特点。地热水的形成和存在,其一,要有热储构造;其二,要有给地下水加温的地热能;其三,要有源源不断的流动的地下水。这三个重要因素是地热水形成和存在的缺一不可的前提条件。

1）热储构造

热储构造主要由热储层位、热储盖层、热储下部隔水岩层 3 部分组成,如图 4.4 所示。其特征分述如下。

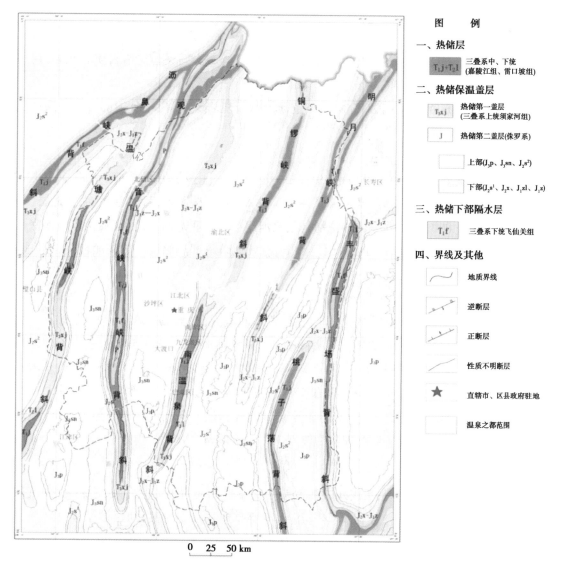

图 例

一、热储层

T₁j+T₂l 三叠系中、下统
(嘉陵江组、雷口坡组)

二、热储保温盖层

T₃xj 热储第一盖层
(三叠系上统须家河组)

J 热储第二盖层(侏罗系)

上部(J₃p、J₃sn、J₂s²)

下部(J₂s¹、J₂x、J₁zl、J₁z)

三、热储下部隔水层

T₁f 三叠系下统飞仙关组

四、界线及其他

地质界线

逆断层

正断层

性质不明断层

★ 直辖市、区县政府驻地

温泉之都范围

0 25 50 km

图 4.4 热储构造图

（1）热储层

热储层为能储存（藏）、运移地热水的含水岩组（层）。研究区热储层主要为下三叠统嘉陵江组二段（T_1j^2）,其次为下三叠统嘉陵江组三段（T_1j^3）、四段（T_1j^4）、三叠系中统雷口坡组（T_2l）、下三叠统嘉陵江组一段（T_1j^1）,总厚约 620 m,该两组可溶性碳酸盐岩岩溶管道、溶蚀裂隙发育,是本区良好的热储层。其岩性特征描述如下。

①下三叠统嘉陵江组二段(T_1j^2)。底部有 3 ~ 7 m 厚的页岩层,其上为白云岩、白云质灰岩夹石灰岩及二、三层岩溶角砾状灰岩(深部为石膏层),厚 80 m 左右。

②三叠系中统雷口坡组(T_2l)。灰色白云岩、白云质灰岩夹岩溶角砾状灰岩(深部为石膏层),底部为水云母黏土岩(称绿豆岩),厚 20 m 左右。

③下三叠统嘉陵江组四段(T_1j^4)。灰褐色石灰岩夹白云岩及岩溶角砾状灰岩(深部为石膏层),厚 150 m 左右。

④下三叠统嘉陵江组三段(T_1j^3)。灰色中厚层状石灰岩间夹薄层白云质石灰岩,局部含有燧石结核,厚 150 m 左右。

⑤下三叠统嘉陵江组一段(T_1j^1)。灰色薄层状石灰岩夹少许页岩,顶部常有一层白云质灰岩,厚 220 m 左右。

(2)热储盖层

热储盖层为热储层上部隔水、隔热保温层,其作用是防止热储层中热能的散失。由上三叠统须家河组(T_3xj)碎屑岩层(第一盖层厚 375 ~ 425 m)及侏罗系(J)红色砂、泥岩地层(第二盖层厚大于 1 000 m)共同组成。特别是须家河组(T_3xj)底部的不透水,不含水的致密页岩以及煤系地层,铺盖于 T_1j + T_2l 热储层之上,有效地阻止了热储层中热能的散失,形成隔水顶板。

(3)热储下部隔水层

阻断热储层中地热水向深部运移,防止地热水的流失,有利于地热水的汇集、储存。它主要由下三叠统飞仙关组(T_1f)碎屑岩夹碳酸盐岩地层组成,厚度大于 500 m(巴南区花溪河切割南温泉背斜轴部见顶板岩层出露)。其泥页岩层孔隙度低、渗透率小、热导率低、基本不具备越流条件,可有效控制地热水向深部运移,形成隔水底板。

上述 3 部分地层共同构成了各高隆起背斜的热储构造。各热储构造的热储层位(地热水)主要埋藏在背斜构造的两翼,埋深一般为 500 ~ 2 500 m。

2)地热水的热能来源

据四川盆地基底构造图,重庆地区基底为弱-无磁性的元古界变质岩系,基底古老,沉积盖层厚,晚近期无岩浆活动。因此本区地热水主要是地热增温所致,即热储温度受埋深控制。另外,化学热(矿物分解)、机械热(构造运动)、放射热(放射性物质蜕变)等也是地下水水温增高不可忽略的重要因素。根据区内 30 眼热水深井的水质检测报告,按 K-Mg 温标地热梯度计算法,热储下部温度为 60 ~ 104 ℃。

3)地热水的补给、径流、排泄特征

根据多份水质检测报告,区内地热水水化学成分中硫酸钙占绝对优势,微量组分中锶(Sr)、锂(Li)、硼(B)等元素含量较高,这些物质均可以从地下水溶解石膏获取;地热水的矿化度相对较低(一般为 1.6 ~ 3 g/L),各类放射性元素含量均较低,排除了因火山活动、放射性物质蜕变、深大断裂形成地热水的可能性;地热水的 rNa/Cl、rCl/rF 比值大于 1,结合其他几种比值(表4.2),可反映出地热水形成的条件及背景,其成因应以溶滤水为主,兼有"古封存水"与之混合。

表4.2　地热水中主要离子比值表

离子类型	水文期		
	丰水期	平水期	枯水期
rNa/rCl	1.290~2.351	1.360~2.820	1.200~1.938
rNa/rK	1.730~1.771	3.377~4.451	1.292~1.478
rSO$_4$/rCl	131.863~145.564	188.278~228.214	144.458~156.284
rCl/rF	3.654~9.590	2.386~8.900	3.235~4.520

(1)补给条件

任何水中的氢和氧(水分子),都会有一定比值的同位素 D 和^{18}O。化验测出地热水中的氢和氧的组分,可以追寻区内地热水的成因类型和补给来源。自 20 世纪 90 年代初和 2008 年重庆南江地质队对铜锣峡背斜、南温泉背斜、桃子荡背斜构造的地热水井进行了系统的取样检测,资料表明,重庆雨水中 δD 和 δ^{18}O 分别为 −52.6‰、−8.45‰;温塘峡地热田地热水中分别为 −55.5‰ ~ −64.4‰、−8.50‰ ~ −9.47‰;南温泉地热田地热水中分别为 −55.8‰ ~ −60.1‰、−8.62‰ ~ −9.08‰;桃子荡地热田地热水中分别为 −51.8‰ ~ −57.4‰、−7.87‰ ~ −8.44‰,地热田氢氧同位素含量与重庆地区大气降雨氢氧同位素的含量很接近,即同在一条曲线上,如图 4.5 所示。这一结果证明研究区内高隆起背斜热储构造(地热田)的地热水是以大气降水为主要补给来源。

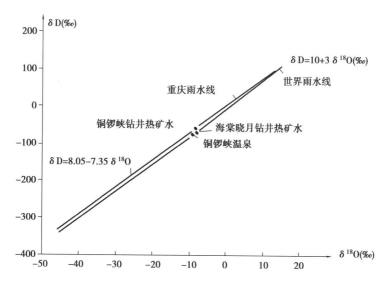

图4.5　地热水与降水同位素关系曲线图

在地热水热储层露头区("高位"或"低位"岩溶槽谷)接受大气降水补给形成浅层地下

水后,其中一部分地下水在构造、区域水压力(压差)作用下通过构造裂隙、溶隙及岩溶槽谷中发育的落水洞、漏斗等地表岩溶形态向热储层深部入渗而补给地热田。其特点是:"高位"岩溶槽谷具有单槽与双槽之分,单槽所聚集的地下水分别向背斜两翼地热田补给;双槽所聚集的地下水则向自身一侧的地热田补给,如图4.6所示。

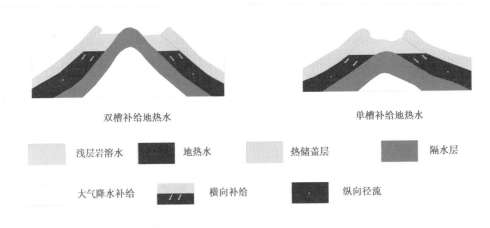

双槽补给地热水   单槽补给地热水

浅层岩溶水	地热水	热储盖层	隔水层
大气降水补给	横向补给	纵向径流	

图4.6 槽谷岩溶水补给地热水关系图

(2)径流条件

研究区内高隆起热储构造中7组有代表性的地热水测龄结果表见表4.3。

表4.3 有代表性的地热水测龄结果表

地热田名称	取样点	^{3}H/TU	测定年代 a（半衰期 5730 年）
桃子荡	樱花温泉	2.04	9 521 ± 239
	天之泉	<2.0	12 252 ± 342
铜锣峡	铜锣峡温泉	<2.0	8 220 ± 560
温塘峡	北温泉	<2.0	10 977 ± 2 749
	澄江地热水钻井	<2.0	110 077 ± 142
南温泉	南泉 2 号井	<2.0	10 959 ± 3 476
	桥口坝南二井	<2.0	8 944 ± 99

^{3}H 测定铜锣峡热储构造浓度为 (2 ± 0.1) TU,属于"古水"。

^{14}C 测定结果发现:北温泉、铜锣峡温泉、南泉 2 号井和桥口坝南二井的形成年龄分别为1.1、0.8、1.1、0.9 万年左右,充分反映了地热是十分悠久珍贵的地下液体矿产资源。同时看出温塘峡、南温泉地热田形成年龄是由北向南逐渐加大,也证明南温泉背斜热储构造的地热补给方向是由北向南,由高隆起部位向背斜倾没端径流。而桃子荡地热田地热水的形成年龄,是由南向北逐渐加大,地热水的补给径流是由南(高隆起端)向北(背斜倾没端)运动的。

（3）排泄条件

地热水在纵向运动过程中,常在构造转折端,构造鞍部开启的"减压天窗"地段和河溪深切峡谷处泄流。如南温泉背斜中段的南温泉（花溪河）、桥口坝温泉（箭滩河）、桃子荡背斜北端东温泉（五布河）、温塘峡背斜北端北温泉（嘉陵江）等。除此之外为人工揭露地热水钻井、油气钻井及煤碉隧道。

4.6.3　地热水的分布及其特征

研究区范围内主要涉及8个热储构造（16个"地热田"）,地热水资源出露形式有天然温泉和人工揭露（钻井）温泉两类。

1）天然温泉

研究区内天然温泉主要分布于嘉陵江、花溪河、箭滩河、五布河、御临河等江河横切热储构造的两侧,有温塘峡背斜的北温泉、青木关温泉;铜锣峡背斜的统景温泉及铜锣峡温泉;南温泉背斜的南泉、小泉及桥口坝温泉;桃子荡背斜的东温泉;明月峡背斜的御临河温泉等天然温泉21处（含洞中温泉11处）,如图4.7所示。出露形式以泉群为主,出露地层以嘉陵江组地层为主,须家河组为辅,水温25～46 ℃,流量86～3 700 m^3/d,水质多为SO_4-Ca 型,少数为SO_4-Ca·Mg 型。

2）人工揭露（钻井）温泉

研究区内以勘探地热水资源为目的地热钻井共计51眼,分布如图4.8所示。其中浅钻井温泉21眼,水温36～53 ℃,流量193～4 513 m^3/d;深钻井温泉30眼,水温35～63.5 ℃,流量300～6 708 m^3/d。水化学类型多属SO_4-Ca 型。

4.6.4　研究区地热流体的物理、水化学特征

1）物理特征

研究区内现有51眼地热钻井,测得井口水温为35～63.5 ℃,为低温热水,属液相地热系统,采用钾、镁地热温标计算地热水水源深部温度,其计算公式为:

$$t = \frac{4\ 418}{13.98 - \lg(c_1^2/c_2)} - 237.15$$

式中　t——热储温度,℃;

　　　c_1——水中钾的浓度,mg/L;

　　　c_2——水中镁的浓度,mg/L。

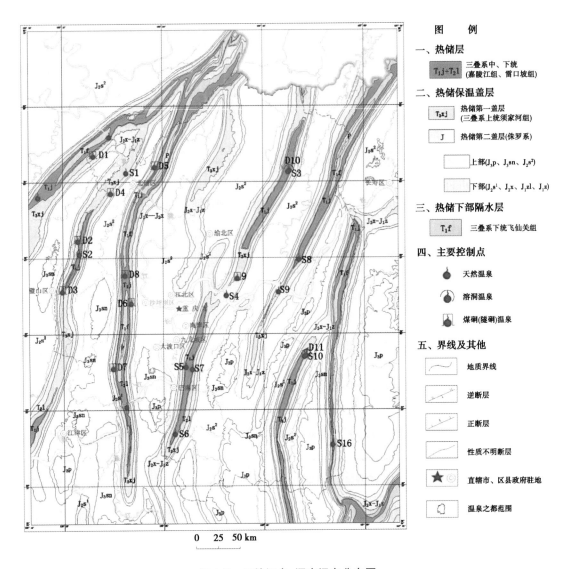

图 4.7　天然温泉、洞中温泉分布图

　　水中钾、镁的浓度按热储构造取各钻井测试成果的平均值,计算结果见表 4.4。若按地温梯度以 2.5 ℃/100 m 计,近似折算地温上升温度至上述温度时的深度均大于 2 000 m,此深度与本区热储埋深大致相当。各温泉出露处具轻微臭鸡蛋(H_2S)气味。各热水井在钻入热储层之前水温呈现渐变过程,一旦进入热储层则水温产生突变,当钻入嘉陵江组一段后水温无明显增加,说明钻井水温与热储层埋藏深度(即盖层厚度)关系密切。

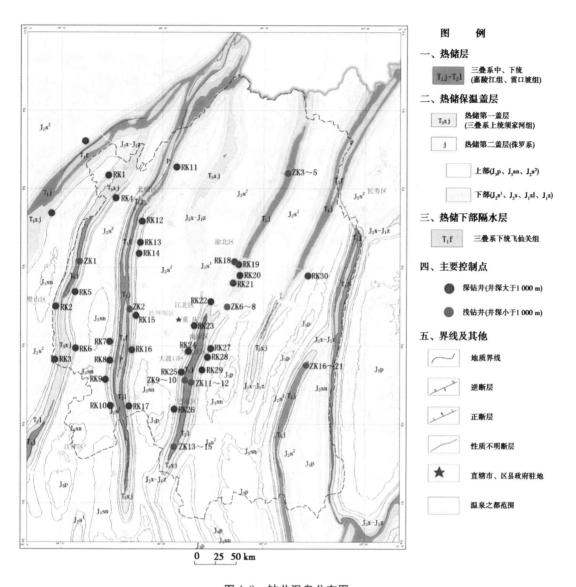

图4.8　钻井温泉分布图

表4.4　各热储构造的热储温度计算结果一览表

热储构造	热储温度/℃	备　注
沥鼻峡背斜	57～75	
温塘峡背斜	58～86	
观音峡背斜	76～100	
铜锣峡背斜	64～104	丰盛场背斜现无钻井资料,取其平均值79.5 ℃
南温泉背斜	72～94	
明月峡背斜	75～81	
桃子荡背斜	60～87	

2）水化学基本特征

（1）物理性质

研究区内地热水清澈透明，色度小于 5 度，浑浊度小于 4 NTU，无肉眼可见物。具轻微臭鸡蛋（H_2S）气味，水温 25~63.5 ℃。pH 值 6.70~7.87，可溶性固体 1.45~2.998 g/L，总硬度 0.99~2.302 g/L，属中性、中矿化、极硬水，见表 4.5。

（2）基本化学成分

地热水中基本的水化学成分以 SO_4^{2-}、HCO_3^-、Cl^-、Ca^{2+}、Mg^{2+}、Na^+ 等离子为主，含量较稳定。其中以 SO_4^{2-} 含量最大，其次是 Ca^{2+}，然后依次是 HCO_3^-、Mg^{2+}、Cl^- 等。水化学类型属 SO_4-Ca 型或 SO_4-Ca·Mg 型。除上述组分外，地热水中还含有可溶性偏硅酸、偏硼酸和少量（H_2S）及游离 CO_2 气体。

（3）放射性特征

地热水中含微弱放射性，其中氡-222 含量一般为 0.05~52.57 Bq/L（统景 3 号井 78.84~104.22 Bq/L），镭-226 含量 0.077~5.24 Bq/L，总 α 含量 0.11~3.2 Bq/L，总 β 含量 0.03~1.5 Bq/L。

（4）微量元素

地热水中含有多种微量元素，其中对人体健康有理疗保健作用的主要微量元素有：

锶（Sr）含量 7.8~19.96 mg/L、氟（F）含量 1.75~5.40 mg/L、偏硅酸含量 27.64~57.00 mg/L、偏硼酸含量 0.4~34.48 mg/L。此外，热水中还含有对人体健康有益的其他微量元素。

热水井主要物理化学性质一览表见表 4.5。

表 4.5 热水井主要物理、化学性质一览表

项 目	温塘峡背斜	观音峡背斜	铜锣峡背斜	南温泉背斜	明月峡背斜	桃子荡背斜
色度/(度)	7	8	8	15	9	5
浑浊度(NTU)	6	5	6	5	9.2	4
嗅和味	轻微硫化氢气味	无	轻微硫化氢气味	轻微硫化氢气味	硫化氢气味	轻微硫化氢味
肉眼可见物	无	无	无	无	无	无
SO_4^{2-}/(mg·L^{-1})	1 076.00~2 138.23	1 631.17~2 076.52	1 188.00~2 212.00	1 726.21~1 956.12	1 944.52	1 817.94~2 032.33
Cl^-/(mg·L^{-1})	2.45~182.82	4.54~13.67	21.00~54.00	29.30~44.88	191.81	9.63~10.32
HCO_3^-/(mg·L^{-1})	145.31~228.80	146.01~202.28	168.00~219.76	160.20~232.71	166.91	163.08~169.98
Ca^{2+}/(mg·L^{-1})	370.70~679.91	511.91~661.16	401.00~721.40	379.02~670.38	688.32	619.06~726.45
Mg^{2+}/(mg·L^{-1})	83.80~180.61	107.45~140.94	80.00~258.10	119.07~146.00	74.58	65.00~119.49
H_2S/(mg·L^{-1})	0.04~8.40	0.07~5.43	0.40~2.30	0.10~1.20	1.23	0.08~1.03
矿化度/(mg·L^{-1})	1 857~2 947	2 502~2 907	356~2 960	1 450~2 998	2 970	2 840~2 881
总硬度/(mg·L^{-1})	1 290~2 302	1 775~2 232	328~2 213	990~2 046	2 026	2 044~2 102
pH值	7.22~7.75	7.07~7.82	6.75~7.87	6.70~7.68	7.21	7.21~7.83
偏硅酸/(mg·L^{-1})	27.64~35.42	27.72~42.77	35.01~57.00	28.86~43.44	41.29	46.29~55.01
偏硼酸/(mg·L^{-1})	1.35~34.48	0.40~3.43	0.94~6.40	0.55~3.22	2.59	1.01~2.41
氟/(mg·L^{-1})	1.75~4.60	3.00~4.15	2.60~5.40	2.75~4.15	3.85	3.60~3.85
锶/(mg·L^{-1})	10.50~18.71	8.21~14.86	10.19~19.96	7.80~20.00	17.60	13.60~19.77
镭-226/(×10^{-11} g·L^{-1})	0.077~3.730	0.150~5.240	0.108~1.040	0.103~0.780	0.126	0.700~0.760

背斜名称

续表

项　目	背斜名称						
	温塘峡背斜	观音峡背斜	铜锣峡背斜	南温泉背斜	明月峡背斜	桃子荡背斜
氡-222/(Bq·L⁻¹)	0.05～11.19	2.37～52.57	0.64～4.95	1.54～14.99	3.41	3.12～3.61
总α含量/(Bq·L⁻¹)	0.17～3.09	0.11～2.50	0.23～2.93	0.20～3.20	1.85	0.13～0.16
总β含量/(Bq·L⁻¹)	0.03～0.90	0.03～0.87	0.21～1.50	0.03～0.80	0.22	0.25～0.26
水化学类型	SO₄-Ca、SO₄-Ca·Mg	SO₄-Ca、SO₄-Ca·Mg	SO₄-Ca、SO₄-Ca·Mg	SO₄-Ca、SO₄-Ca·Mg	SO₄-Ca	SO₄-Ca
医疗热矿水命名	含偏硅酸、偏硼酸的氟锶锶热矿水	含偏硅酸、偏硼酸的氟锶锶热矿水	含硫化氢、偏硅酸、偏硼酸的氟锶锶热矿水	含偏硅酸、偏硼酸的氟锶锶热矿水	含偏硅酸、偏硼酸的氟锶锶热矿水	含偏硅酸、偏硼酸的氟锶锶热矿水

4.6.5　地热流体的动态特征

研究区内的51眼热水井均属承压井,其中自流井37眼,水头为 + 1.8 ~ + 280 m;基本不自流14眼(浅钻井7眼,深钻井7眼),水位埋深为2.85 ~ 85.0 m。据各热水井抽(放)水及观测资料,在抽(放)水试验过程中,对相邻热水井进行了同步观测,其水位、水温、水量尚无影响。各热水井均进行了一个完整水文年的长期动态观测。

1)出水量

据抽水试验资料,各"地热田"热水井出水量一般年变化幅度较小,见表4.6,基本稳定,且受大气降水影响较小,在枯、丰季水量变化与丰季水量的变化率为0.50% ~ 15.27%。

表 4.6　热水井动态特征表

背斜名称	动态特征			
	出水量变化率/%	水温变幅/℃	静水压力/ MPa	水质动态
温塘峡背斜	1.0 ~ 9.99	0.5 ~ 1	0 ~ 0.09	基本稳定
观音峡背斜	0.50 ~ 15.27	0.5 ~ 2.0	0 ~ 0.14	基本稳定
铜锣峡背斜	1.0 ~ 7.60	0.5 ~ 2.0	0 ~ 0.11	基本稳定
南温泉背斜	1.13 ~ 10.87	0.5 ~ 1.0	0.05 ~ 0.10	基本稳定
明月峡背斜	4.04	0 ~ 1.0	0 ~ 0.18	基本稳定
桃子荡背斜	0.78 ~ 10.43	0.5 ~ 1.0	0.02 ~ 0.05	基本稳定

2)水温

热水井井口出水温度年变化幅度较小,为0.0 ~ 2.0 ℃,变化规律是抽(放)水初期水温偏低,主要是深井内水温低造成,随着抽(放)水时间的延长,热水通道的疏通,冷热混合程度的减弱,水温逐渐增高,直到趋于稳定。

3)静水压力

一般变化值为0.05 ~ 0.18 MPa,据长期观察资料,热水井井口静水压力的变化趋势:枯水期 < 平水期 < 丰水期,受季节变化有一定影响,但变化幅度较小。

4)水质动态

根据枯水期、平水期、丰水期等多次水质分析报告,各热水井的水化学组分基本无变化。

4.7　地热水资源计算与评价

4.7.1　地热田范围的圈定

1)地热田的平面分布特征

研究区内的地热资源类型为沉积岩碳酸盐岩溶隙-裂隙型,主要分布于沥鼻峡、南温泉、桃子荡等高隆起背斜褶皱区,褶皱强度大,拱起幅度高,两翼倾角较陡(倾角 30°~60°),含水层由强岩溶化的灰岩、白云岩组成,顶、底板被弱透水或不透水的泥(页)岩、泥灰岩所阻隔。

平面上研究区内主要分布有沥鼻峡、南温泉、桃子荡等高隆起背斜 16 个独立的"地热田",每个"地热田"围绕背斜核部成"环带"分布,"环带"的中心部分为热储裸露区;"环带"的外围则是向斜热储深埋区;"环带"中心与外围之间,则是热储中、深埋区(即热水库)。

(1)热储裸露区

热储裸露区分布于背斜核部,呈条带状,地层岩性为雷口坡组和嘉陵江组的碳酸盐岩,在区域上为翼部地下水的补给区,在河流深切地段又为地热水的排泄区,有较多的温泉出露,多数温泉出露于河床中,不便利用,温泉水温也偏低,一般为 25~46 ℃,天然温泉出露的范围为 0.5~2.0 km²,在此范围内布置"就热打热"的浅钻井能获得较为理想的地热水。

(2)热储中、深埋区(热水库)

热储中、深埋区分布于背斜翼部,呈"环带"状,横向上基本无直接联系,主要原因:一是其间被向斜深部热储盐卤水所隔;二是背斜两翼之间有飞仙关组页岩,只有在背斜倾没端的两个"热水库"处才汇合。

(3)热储深埋区

热储深埋区分布于广大向斜地带。

2)地热田的垂向分布特征

热储层上部浅层为重碳酸型低矿化冷水,温度一般小于 20 ℃,埋深数百米;中部为硫酸盐型低温微咸热水,温度一般为 34~63.5 ℃,埋深数百米至 2 000 余米;下部为高矿化盐卤热水,埋深 2 500 余米。根据石油钻井在四川盆地所获得的地温资料表明,本研究区内平均地热增温率为 2.5 ℃/100 m。大量的热水井资料显示,在盖层中的地温变化是受地热增温率的严格控制,但是当钻井揭穿盖层而进入热储时,地温剧增,一般比盖层温度高 10 ℃ 左右,然后,随着深度的增加地温又按照地热增温率逐渐递增,反映出在盖层与热储层接触带存在一个地温剧变带。

3)地热田范围的圈定

(1)圈定地热田的原则

①浅部地热水的温度条件。地热水的温度条件满足热水井出水温度达到 25 ℃。根据重庆地区 60 多个热水井和大量的隧道、煤矿钻孔资料,在埋深 500 m 之内,水温一般低于 25 ℃,仅在温泉出露区有个别热水井水温高于 25 ℃,因此浅部地热水的顶界以 500 m 为限确定东西向的内边界。

②深部地热水的深度条件。根据川东石油钻井和盐卤水勘探资料,在埋深 2 500 m 的下部热储层孔隙率偏低,富水性较差。结合重庆地区 30 个热水深井的勘探成果表明,大多数成功井孔的出水段在 2 000 m 左右的嘉陵江组四段、三段、二段,再往下的嘉陵江组一段及更

老地层(埋深超过 2 500 m)涌水量及水温基本无明显变化;未能成功钻孔的原因是在 2 500 m内涌水量偏小,超过 2 500 m后再往下钻了数百米,涌水量仍然达不到要求。因此深部地热水的底界以 2 500 m为限确定东西向的外边界。

③以行政边界确定地热田南北向边界。

(2)圈定地热田的方法

根据本研究区内热储为倾斜(倾角30°~60°)的半封闭的深部增温增压溶滤型,且浅表热显示不明显的特点,结合多年来对同类型的热储构造研究资料,对应各热田地热地质剖面图进行热储范围的圈定,如图4.9所示。具体的方法步骤如下:

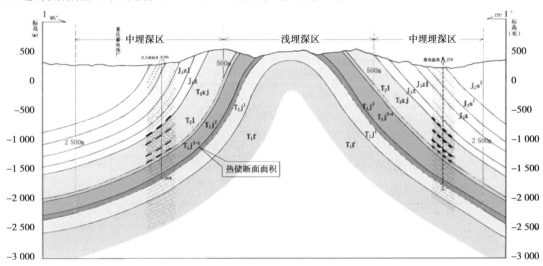

图4.9　圈定热储范围剖面图

①近轴部以热储层雷口坡组(T_2l)露头顶板以下 500 m的水平线为热储层的顶界。

②在翼部要求满足地面以下 2 500 m(地区岩溶发育和开采技术及经济条件下限)和进入嘉陵江组第一段 50 m 为界两个条件,确定东西向的外侧边界点。

③以多条横断面所确定的东西向外侧边界点的连线作为热储范围外边界。

④南北向两侧的边界原则上以研究区的范围作为边线。

⑤根据四方所确定的边界构成一个封闭的几何体,在计算机上可直接读取各热储范围的面积,见表4.7。

表4.7　热储特征一览表

背斜名称	构造部位	投影平面面积 /km²	热储构造长度 /km	断面面积 /km²	出水温度平均值 /℃
沥鼻峡背斜	东翼	20.67	8	1.56	37
温塘峡背斜	西翼	74.25	61	1.36	42
	东翼	101.33	52	1.52	41

续表

背斜名称	构造部位	投影平面面积/km²	热储构造长度/km	断面面积/km²	出水温度平均值/℃
观音峡背斜	西翼	128.25	68	1.44	52
	东翼	174.64	82	1.92	52
铜锣峡背斜	西翼	138.00	66	1.36	42
	东翼	88.72	70	1.28	45
南温泉背斜	西翼	81.57	42	1.52	48
	东翼	101.64	44	1.84	45
明月峡背斜	西翼	82.66	42	1.24	51
	东翼	57.12	26	1.48	51
桃子荡背斜	西翼	63.50	43	1.12	52
	东翼	78.68	40	1.68	50
丰盛场背斜	西翼	86.24	28	1.44	45
	东翼	23.22	9	1.36	45
合　计		1 300.49	681	22.12	—

4.7.2　地热水资源存储量计算

地热资源储存量是指在现有的开采技术和经济条件下经过勘查已经查明的地热资源量。研究区内地热资源自20世纪70年代初开始勘查以来,对铜锣峡、桃子荡和南温泉等高隆起背斜热储构造的地热水源地进行了抽(放)水试验、2~12年的动态观测以及地热资源的计算和评价,尤其是近十多年来,在重庆主城区对同类型的嘉陵江热储构造中施工浅井21眼,深井30眼,对地热资源的研究积累了较为丰富的经验,为采用热储法计算评价地热资源储存量和采用开采试验法计算评价可开采量提供了依据。

1)计算公式

(1)热储中储存的热量

$$Q = CAd(t_r - t_0)$$
$$C = \rho_r C_r(1 - \varphi) + \rho_w C_w \varphi$$

式中　Q——热储中储存的热量,kJ;

C——热储岩石和水的平均体积比热容,kJ/(m³·℃);

A——热储层过水断面面积,m²;

d——热储构造纵向长度,m;

t_r——热储温度,℃;

t_0——当地年平均气温,统一取 18 ℃。

ρ_r——热储岩石密度,按规范取 2 700 kg/m³;

C_r——热储岩石比热容,按规范取 0.921 1 kJ/(kg·℃)

φ——热储岩石的孔隙度,%;

ρ_w——地热水密度,按规范取 1 000 kg/m³;

C_w——地热水的比热容,按规范取 4.186 8 kJ/(kg·℃)。

(2)储存水量及地热水中储存的热量

$$V_w = \varphi A d$$
$$Q_w = V_w \rho_w C_w (t_r - t_0)$$

式中　Q_w——地热水中储存的热量,kJ;

V_w——地热水储存量,m³。

其余同上。

2)计算参数的选取

(1)热储层过水断面面积(A)和热储长度(d)的选取

由于研究区内地热水储存于倾斜(倾角30°~60°)的半封闭的热储层内。根据区域热储构造的特点,计算热储体积时,采用了热储层过水断面面积和热储构造纵向长度的乘积。

对应各片区地热地质剖面图,热储层过水断面面积是按减压天窗处的热储层雷口坡组($T_2 l$)顶板以下 500 m 的水平线为上界(投影到平面为背斜轴部边界),翼部地面以下 2 500 m(地区岩溶发育和开采技术及经济条件下限)进入嘉陵江组第一段 50 m(地热研究经验)的水平线为下界(投影到平面为翼部边界),加上研究区内热储层的顶、底板,即构成了一个近似的平行四边形,在计算机上量取。热储构造纵向长度在平面图上直接读取。

(2)热储岩石的孔隙裂隙率的选取

区域热储埋深较大,一般为 2 000~2 500 m,深部岩石的孔隙度较浅部小。根据蜀南地区麻柳场嘉陵江组(埋深 2 000 m 左右)气藏资料孔隙度为 2.06%~4.46%;川东石油局在利川复向斜志留系-三叠系储盖组合评价报告孔隙度 2.33%~10.57%;四川盆地三叠系地下盐卤水的评价报告孔隙度为 2.46%~5.56%,再结合地热水的储存条件(半封闭)较盐卤水、石油、天然气等的储存条件(全封闭)较好的特点,按4%选取。

(3)热储温度的选取

各片区按各热水井地球化学温标计算值的平均值选取。

3)计算结果

根据上面的公式和选取的参数,计算了研究区内 1 300 km² 范围的热储存总量、热流体储存总量(表4.8)。本次计算结果为地热田的静储量,未考虑动储量,而地热资源是可再生的,在开采量远远小于补给量的情况下,所开采的量实际上是动储量,能够得到大气降水源源不断的补给。

表 4.8　地热资源储存量一览表

背斜名称	构造部位	热储存量		热流体储存总量				
		热总量 /($\times 10^{15}$kJ)	折成标煤 /($\times 10^8$t)	热水总量 /($\times 10^8$m³)	热水热量 /($\times 10^{15}$kJ)	平均热储温度/℃	折成标煤 /($\times 10^8$t)	减排 CO_2 /($\times 10^8$t)
沥鼻峡	东翼	1.82	0.62	4.99	0.04	75	0.01	0.03
温塘峡	西翼	11.87	4.05	33.18	0.33	74	0.11	0.26
	东翼	10.70	3.65	31.62	0.30	71	0.10	0.24
观音峡	西翼	18.51	6.32	39.17	0.56	92	0.19	0.44
	东翼	28.96	9.88	62.98	0.90	90	0.31	0.70
铜锣峡	西翼	13.53	4.62	35.90	0.36	77	0.12	0.28
	东翼	14.65	5.00	35.84	0.41	82	0.14	0.32
南温泉	西翼	10.28	3.51	25.54	0.32	81	0.11	0.25
	东翼	12.20	4.17	32.38	0.37	77	0.12	0.29
明月峡	西翼	7.58	2.59	20.83	0.29	75	0.10	0.23
	东翼	6.19	2.11	15.39	0.21	81	0.07	0.17
桃子荡	西翼	7.63	2.60	19.26	0.27	80	0.09	0.22
	东翼	11.85	4.04	26.88	0.36	87	0.12	0.28
丰盛场	西翼	5.87	2.00	16.13	0.18	79.5	0.06	0.14
	东翼	1.78	0.61	4.90	0.06	79.5	0.02	0.04
合计		163.42	55.77	404.99	4.96	—	0.11	3.89

注:1 t 标煤相当于 29.3×10^6 kJ 热量,可减排 2.3 t CO_2。

表中热量换算成热能是采用矿产资源储量登记管理机关提供的《地热及矿泉水矿产资源储量登记书填写说明》中换算公式,即温度小于 150 ℃ 的中、低温地热田,按能利用储量 100 年计算,热量换算成热能的公式为:

$$P_n = \frac{Q}{860}$$

式中　P_n——热能,kW;

　　　Q——热量,kcal;

　　　860——常数,kcal,即 860 kcal 的热量相当于 1 kW·h 电的热能。

4.7.3　地热水资源储存量评价

在本次研究中,地热资源储存量计算仅考虑了沥鼻峡、南温泉、桃子荡等 8 个主要高隆起背斜所在的热储构造中的地热资源储存量(龙王洞高隆起背斜热储构造未计算在内),实际上补给区已延续到研究区范围外,再加上未考虑动储量,因而,计算结果偏低。从计算结果来看,研究区内 1 300 km² 范围的热储存总量为 1.634 4×10¹⁷ kJ,折成标煤 55.78 亿 t;热流体储存总量为 4.049 9×10¹⁰ m³(即 404.99 亿 m³),折成标煤 1.69 亿 t,可减排 3.89 亿 t CO_2。

4.7.4 地热水资源可开采量计算

1)开采率法确定地热资源可开采量

按采取率比例法近似计算地热资源可开采量,即在目前的开采利用量占热储层所储存的全部地热水总量的比值,与未来开采利用规划之中新确定的提高的采用率进行类比,确定地热资源可开采量。

研究区内地热资源开发利用已初具规模,年均开采量为 1.052 5×10⁷ m³,占热储层所储存的全部地热水总量的 0.026%,如果按照地热资源开发利用规划,将开采比例提高到 0.4%,则研究区内的地热资源年可开采量地热水量为 1.62×10⁸ m³(约 1.62 亿 m³),见表 4.9、表 4.10。

表 4.9   温泉地热资源利用情况统计表

温泉类型	温泉总数/个	利用总数/个	利用量/(m³·d⁻¹)		
			水温 25~40 ℃	水温≥40 ℃	合 计
天然温泉	10	3	3 912	616	4 528
洞中温泉	11	3	2 207	0	2 207
浅钻井	21	15	1 651	9 450	11 101
深钻井	30	12	200	10 800	11 000
总 计	72	33	7 970	20 866	28 836

表 4.10   开采率法确定地热资源可开采量一览表

背斜及部位		利用井数/个	利用量/(×10⁴ m³·a⁻¹)	地热水储存量/(×10⁶ m³)	规划利用率/%	可开采量/(×10⁴ m³·a⁻¹)	热量/(×10¹¹ kJ·a⁻¹)	热能/MW	折成煤/(×10⁴ t·a⁻¹)	减排 CO₂/(×10⁴ t·a⁻¹)
					项 目					
沥鼻峡	东翼	0	0	499	0.4	199.6	1.59	5.04	0.54	1.25
温塘峡	西翼	3	151.51	3 318	0.4	1 327.2	13.34	42.31	4.55	10.47
	东翼	2	153.30	3 162	0.4	1 264.8	12.18	38.64	4.16	9.56
观音峡	西翼	2	91.25	3 917	0.4	1 566.8	22.30	70.76	7.61	17.51
	东翼	6	164.51	6 298	0.4	2 519.2	35.86	113.77	12.24	28.15

续表

背斜及部位		利用井数/个	利用量/(×10⁴ m³·a⁻¹)	地热水储存量/(×10⁶ m³)	规划利用率/%	可开采量/(×10⁴ m³·a⁻¹)	热量/(×10¹¹ kJ·a⁻¹)	热能/MW	折成煤/(×10⁴ t·a⁻¹)	减排CO₂/(×10⁴ t·a⁻¹)
铜锣峡	西翼	2	18.25	3 590	0.4	1 436	14.43	45.78	4.92	11.33
	东翼	4	84.53	3 584	0.4	1 433.6	16.21	51.41	5.53	12.72
南温泉	西翼	6	139.14	2 554	0.4	1 021.6	12.83	40.71	4.38	10.07
	东翼	4	78.48	3 238	0.4	1 295.2	14.64	46.45	5.00	11.49
明月峡	西翼	0	0	2 083	0.4	833.2	11.51	36.52	3.93	9.04
	东翼	0	0	1 539	0.4	615.6	8.51	26.98	2.90	6.68
桃子荡	西翼	1	36.50	1 926	0.4	770.4	10.97	34.79	3.74	8.61
	东翼	3	135.05	2 688	0.4	1 075.2	14.41	45.70	4.92	11.31
丰盛场	西翼	0	0	1 613	0.4	645.2	7.29	23.14	2.49	5.73
	东翼	0	0	490	0.4	196	2.22	7.03	0.76	1.74
合　计		33	1 052.52	40 499	—	16 199.6	198.29	629.03	67.67	155.66

2)开采试验法与类比法确定地热资源可开采量

(1)开采试验法确定已开采地段地热资源可开采量

研究区内51眼热水井均为稳定性开采,在开采范围内,根据枯季各热水井较长时间的抽(放)水试验结果,按照自流井水头降至井口,抽水井枯季最大降深的1.75倍所推算出的涌水量作为各单井的可开采量,然后叠加得到各片区的可开采量,最后汇总得到研究区地热资源的可开采量(表4.11、表4.12)。

表4.11　地热资源可开采量统计表

温泉类型	温泉总数/处	可开采总数/处	可采量/(m³·d⁻¹)		
			水温25~40 ℃	水温≥40 ℃	合　计
天然温泉	10	3	3 912	616	4 528
洞中温泉	11	8	10 197	0	10 197
浅钻井	21	21	4 906	48 400	53 306
深钻井	30	30	11 931	82 797	94 728
总　计	72	62	30 946	131 813	162 759

表 4.12 开采试验法确定已开采地段地热资源可开采量一览表

背斜及部位		项 目			
		一日开采量 /($\times 10^4 m^3$)	一年开采量 /($\times 10^4 m^3$)	100 年开采量 /($\times 10^8 m^3$)	备 注
沥鼻峡	东翼	0.300 0	109.50	1.10	
温塘峡	西翼	1.779 1	649.37	6.49	
	东翼	1.731 7	632.07	6.32	
观音峡	西翼	1.771 8	646.71	6.47	
	东翼	2.144 6	782.78	7.83	
铜锣峡	西翼	1.410 5	514.83	5.15	
	东翼	1.641 9	599.29	5.99	
南温泉	西翼	2.223 5	811.58	8.12	
	东翼	1.467 7	535.71	5.36	
明月峡	西翼	0	0.00	0.00	
	东翼	0.242 5	88.51	0.89	
桃子荡	西翼	0.603 7	220.35	2.20	
	东翼	0.958 9	350.00	3.50	
丰盛场	西翼	0	0.00	0.00	
	东翼	0	0.00	0.00	
合 计		16.275 9	5 940.70	59.42	

（2）类比法确定未开采地段地热资源可开采量

根据南温泉背斜西翼北段 18 km 范围内已有慈母山庄（可开采量 1 720 m^3/d）、海棠晓月（可开采量 2 555 m^3/d）、融侨（可开采量 3 808 m^3/d）、东方宾馆（可开采量 3 360 m^3/d）4 个热水井的研究资料，其可开采量累计为 11 443 m^3/d，则每千米的日开采量为 635.7 m^3。以 600 m^3/km 的开采模数为依据，再结合各背斜翼部的热储地热地质条件分别选取不同的折减系数，可以近似计算研究区内 8 个主要热储构造的未开采地段地热资源可开采量（表 4.13、表 4.14）。

表 4.13 类比法确定未开采地段地热资源可开采量一览表

背斜及部位		项 目				
		未采热储范围 长度/km	折减系数	1 日开采量 /($\times 10^4 m^3$)	1 年开采量 /($\times 10^4 m^3$)	100 年开采量 /($\times 10^8 m^3$)
沥鼻峡	东翼	8.0	1.0	0.48	0	1.75

续表

背斜及部位		项　目				
		未采热储范围 长度/km	折减系数	1 日开采量 /(×10⁴m³)	1 年开采量 /(×10⁴m³)	100 年开采量 /(×10⁸m³)
温塘峡	西翼	55.0	1.0	3.30	175.20	12.05
	东翼	65.0	1.0	3.90	1 204.50	14.24
观音峡	西翼	40.0	1.0	2.40	1 423.50	8.76
	东翼	50.0	1.0	3.00	876.00	10.95
铜锣峡	西翼	40.0	1.0	2.40	1 095.00	8.76
	东翼	50.0	1.0	3.00	876.00	10.95
南温泉	西翼	10.0	1.0	0.60	1 095.00	2.19
	东翼	20.0	0.7	0.84	219.00	3.07
明月峡	西翼	40.0	1.0	2.40	306.60	8.76
	东翼	20.0	1.0	1.20	876.00	4.38
桃子荡	西翼	35.0	1.0	2.10	438.00	7.67
	东翼	40.0	1.0	2.40	766.50	8.76
丰盛场	西翼	25.0	0.7	1.05	876.00	3.83
	东翼	9.0	0.7	0.39	383.25	0.00
合　计		507		29.46	10 610.55	106.12

表 4.14　开采试验法与类比法确定地热资源可开采量汇总表

背斜及部位		项　目									相应 热能 /MW
		热水量/(×10⁴m³)			热量/(×10⁹kJ)			折成煤(×10⁴t)			
		1 日	1 年	100 年	1 日	1 年	100 年	1 日	1 年	100 年	
沥鼻峡	东翼	0.78	284.70	28 470	0.62	226.48	22 648	0.002	0.77	77	7.19
温塘峡	西翼	5.08	1 854.20	185 420	5.10	1 863.16	186 316	0.017	6.36	636	59.11
	东翼	5.63	2 054.95	205 495	5.42	1 978.84	197 884	0.019	6.75	675	62.78
观音峡	西翼	4.17	1 522.05	152 205	5.94	2 166.66	216 666	0.020	7.39	739	68.74
	东翼	5.14	1 876.10	187 610	7.32	2 670.65	267 065	0.025	9.11	911	84.73
铜锣峡	西翼	3.81	1 390.65	139 065	3.83	1 397.37	139 737	0.013	4.77	477	44.33
	东翼	4.64	1 693.60	169 360	5.25	1 914.51	191 451	0.018	6.53	653	60.74
南温泉	西翼	2.82	1 029.30	102 930	3.54	1 292.84	129 284	0.012	4.41	441	41.02
	东翼	2.31	843.15	84 315	2.61	953.13	95 313	0.009	3.25	325	30.24

续表

背斜及部位		热水量/(×10^4m^3) 1日	1年	100年	热量/(×10^9kJ) 1日	1年	100年	折成煤(×10^4t) 1日	1年	100年	相应热能/MW
明月峡	西翼	2.40	876.00	87 600	3.32	1 210.32	121 032	0.011	4.13	413	38.40
	东翼	1.44	525.60	52 560	1.99	726.19	72 619	0.007	2.48	248	23.04
桃子荡	西翼	2.70	985.50	98 550	3.84	1 402.87	140 287	0.013	4.79	479	44.51
	东翼	3.36	1 226.40	122 640	4.50	1 643.10	164 310	0.015	5.61	561	52.13
丰盛场	西翼	1.05	383.25	38 325	1.19	433.24	43 324	0.004	1.48	148	13.74
	东翼	0.39	142.35	14235	0.44	160.92	16 092	0.002	0.55	55	5.11
合　计		45.72	16 687.80	1 668 780	54.91	20 040.28	2 004 028	0.187	68.38	6 838	635.81

4.7.5　地热水资源可开采量评价

以上通过开采率法和开采试验法与类比法对工作区地热资源可开采量进行了计算，计算结果地热资源年可开采量分别为1.62×10^8m^3/a、1.67×10^8m^3/a。

开采率法尽管热储层所储存的全部地热水总量偏低，已开采利用量是实际测得的，但设定开采利用率是没有充分依据的，开采利用率提得过高，无疑会产生不良后果，开采利用率提得过低，不能在现有的开采技术经济条件下发挥最大效益。

开采试验法是采用枯季抽(放)水试验成果，按照自流井水头降至井口，抽水井枯季最大降深的1.75倍所推算出的涌水量作为各单井的可开采量，是有理论根据的，并且在平水期、丰水期会得到更多的补给，开采试验法与类比法确定地热资源可开采量进行规划是有保障的。因此，以开采试验法与类比法的计算结果1.67×10^8m^3/a作为研究区内地热资源年可开采量，有相当可靠的保障程度。

4.7.6　地热水资源允许开采量的确定及评价

1)地热资源允许开采量的确定

按各单井枯季抽(放)水试验的涌水量作为各单井的允许开采量，然后叠加得到工作区的允许开采量，最后汇总得到研究区内地热资源的允许开采量(表4.15)。

2)地热资源允许开采量评价

研究区内3处天然温泉、8处洞中温泉、21眼浅钻井、30眼深钻井均属于稳定型开采，抽水试验以枯季涌水量作为确定允许开采量的依据，其最大降深也在允许范围之内，显然所确定允许开采量偏于保守，但保证程度相当高(表4.16)。

表 4.15 地热水允许开采量汇总表

类　型	总数/个	推荐量/($m^3 \cdot d^{-1}$)	核定井数/个	核定量/($m^3 \cdot d^{-1}$)
天然温泉	3	4 528	—	—
洞中温泉	8	10 197	—	—
浅钻井	21	26 962	18	24 562
深钻井	30	40 910	22	35 660
合　计	62	82 597	40	60 222

表 4.16 地热水允许开采量统计表

背斜名称	温泉总数/处	推荐量/($m^3 \cdot d^{-1}$)	核定量/($m^3 \cdot d^{-1}$)/核定井数/个
沥鼻峡	1	3 000	—
温塘峡	9	18 720	12 720/6
观音峡	16	20 807	15 100/9
铜锣峡	13	14 568	12 162/8
南温泉	16	15 846.36	13 084.36/12
明月峡	1	1 000	—
桃子荡	6	8 656	7 156/5
丰盛场	—	—	—
合　计	62	82 597.36	60 222.36/40

4.7.7　地热水水质评价

1) 常规水质评价

(1) 水的物理性质

①无色透明,色度一般小于 5 度,混浊度一般小于 4 NTU,有轻微的臭鸡蛋(H_2S)气味,无肉眼可见物。

②地热水抽(放)出井口暴露与空气有轻微硫化氢(H_2S)臭味,无其他异味、异臭。

③天然温泉水温 25 ~ 46 ℃;洞中温泉水温 25 ~ 37 ℃;浅钻井井口水温 36 ~ 53 ℃;深钻井井口水温 35 ~ 63.5 ℃。主要为低温温热水类型,局部为低温温水类型。

④水的总 α 含量为 0.11 ~ 3.20 Bq/L;水的总 β 含量为 0.03 ~ 1.50 Bq/L,均在正常本底值范围内。

(2) 水的化学性质

①水化学类型主要为 SO_4-Ca 型,局部为 SO_4-Ca·Mg 型。主要阴离子硫酸根含量为 1 076 ~ 2 212 mg/L,占阴离子总量的 70.42% ~ 91.27%。在阳离子中钙离子含量为370.70 ~

726.45 mg/L,占阳离子总量的 56.87% ~ 73.50%;镁离子含量为 65 ~ 258.1 mg/L,占阳离子总量的 25.24% ~ 26.10%。

②水的 pH 值为 6.70 ~ 7.87,属中性水。

③水的溶解性固体 1 450 ~ 2 998 mg/L,按渗透压力划分,属低渗水。

④水的总硬度 990.00 ~ 2 302.00 mg/L,属极硬水。

(3)水中的主要离子(组分)的含量变化范围

经计算,可溶性总固体、$K^+ + Na^+$、Ca^{2+}、Mg^{2+}、HCO_3^-、SO_4^{2-}、Cl^- 等 7 项主要离子的变化范围为 0.90% ~ 15.82%,说明变幅较小,均未超出 20% 的限量要求。因此,地热水的主要化学组分的稳定性程度较高。

从上述基本水质特征可以看出,研究区内地热水的物理性质较佳,矿物盐丰富,pH 值低于 7.87,水温最高达 63.5 ℃。地热水的硬度较大,矿化度小于 3 g/L,是可供直接利用的中低温热矿水。

2)按国标对各行业用水评价

(1)按医疗热矿水水质界限指标评价

按国家标准《地热资源地质勘查规范》(GB/T 11615—2010),对研究区内 51 处热水井的水质进行评价,结果显示地热水主要为含偏硅酸、偏硼酸的氟、锶中矿化低温热矿水。此外,东温泉 5 井和东方宾馆温泉井、天赐温泉井为含偏硅酸、偏硼酸的氟、锶、镭中矿化低温热矿水;望江温泉井为含偏硅酸、偏硼酸的氟、锶、硫化氢中矿化低温热矿水;南温泉鹿角井为含偏硅酸、偏硼酸的氟、锶、镭、硫化氢中矿化低温热矿水。

(2)按理疗热矿水的辅助理疗保健效果评价

研究区内地热水中含有较多的微量元素,主要有 F^-、Sr^{2+}、$Fe^{2+} + Fe^{3+}$、Mn^{2+}、Br^-、Mo^{2+}、I^-、Li^+、Ba^{2+}、Ra^{2+}、Cu^{2+}、B^+、Zn^{2+}、Se^{2+}、Cr^{6+}、Rn^{2+}、V^{2+}、H_2S 等,并富含偏硅酸、偏硼酸。在医疗热矿水 18 个标准组分中,达到有理疗价值浓度标准的主要有偏硅酸、偏硼酸、氟、锶、镭和硫化氢(个别热水井)等。地热水中污染物、微生物含量极微,感官性状良好。

总之,研究区内地热水是一种水质较优,水温较高,中性,具微弱放射性,含有较丰富的特殊矿物质、气体成分和其他有益元素的低温温热水,具有较好的淋浴健身强体辅助作用,并对皮肤病、运动系统、神经系统、心血管系统、内分泌系统等疾病有较好的辅助理疗保健效果,对皮肤病、运动系统疾病的辅助效果更为显著。

(3)按《生活饮用水卫生标准》(GB 5749—2006)评价

地热水中总矿化度、总硬度、硫酸根、氟等多项指标超标,故该热矿水不能作为生活饮用水。

(4)按《食品安全国家标准 饮用天然矿泉水》(GB 8537—2018)标准评价

地热水中氟化物等含量超标,不能作为饮用天然矿泉水使用。

因地热水中矿化度(可溶性总固体)、总硬度超标而不能作为便器冲洗、城市绿化、洗车、扫除等生活杂用水。

（5）按《生活杂用水水质标准》（CJ/T 48—1999）评价

因地热水中矿化度（可溶性总固体）、总硬度超标而不能作为便器冲洗、城市绿化、洗车、扫除等生活杂用水。

（6）热矿水对普通钢管、钢结构件的腐蚀性评价

按国家标准《岩土工程勘察规范》（GB 50021—2001）进行评价。

①研究区内地热水的 pH 值为 6.70～7.87，$Cl^- + SO_4^{2-}$ 含量为 1 078.45～2 403.81 mg/L（＞500 mg/L），属强腐蚀性范围。

②地热水中硫酸盐含量较高，在还原条件（封闭状态）的地质环境中易于繁殖硫酸盐还原菌和铁细菌。这类菌对钢结构件有较强的腐蚀性，导致管层成脓疮状，易锈蚀穿孔、剥落，使管材遭受破坏。

③地热水中硫化氢（H_2S）及氟（F）的含量均较高，具较强的腐蚀性。

④地热水中 SO_4^{2-} 含量为 1 076～2 212 mg/L，对普通混凝土有结晶性侵蚀作用。但分解性侵蚀指数（pHs）＜pH 值；分解结晶复合性侵蚀指标（Me）＜1 000 mg/L，故无分解性、分解结晶复合性侵蚀作用。

（7）结垢性评价

根据《供水水文地质手册》（第二册）第 838 页对地热水进行锅炉结垢性评价。

①经计算，腐蚀系数（K_K）＞0，说明地热水对锅炉有腐蚀性。

②经计算，地热水的结垢总量（H）＞500 mg/L，属结垢物很多的水。

（8）按《污水综合排放标准》（GB 8978—1996）评价

因地热水中硫化物、氟化物超标达不到生活污水排放要求，需处理达标后排放。

（9）按《景观娱乐用水水质标准》（GB 12941—91）评价

除地热水的水温、总铁超标外，其余指标均符合标准要求，可作为各类景观娱乐用水。

（10）按《渔业水质标准》（GB 11607—89）评价

因地热水中 F^- 超标 3.0～4.6 倍，故不能用作渔业用水，仅可考虑热带观赏鱼类养殖。

（11）按《农田灌溉水质标准》（GB 5084—2005）评价

因含盐量（总矿化度）、硫化物、氟化物、硼酸含量超标，不能直接用于灌溉。

5 地热井井间干扰研究

所谓井间干扰,就是指井与井之间产生的动态影响现象。通俗来讲,是指水井抽(放)水时,对相邻水井的水量、水位等产生影响的现象。

研究人员通过收集资料、数理统计分析、干扰抽(放)水试验、数值模拟等一系列研究试验,取得的成果可为划定地热井矿区范围、确定地热井开采保护区或者为建设项目对地热井的影响提供理论依据,也为合理布井、提高勘查技术水平,科学制定重庆市地热资源勘查规范提供支撑。

5.1 研究区的基本条件

重庆市的地热资源主要分布在主城9区,本次研究范围确定为主城9区及其周边的璧山区、江津区、綦江区、万盛区、南川区、长寿区的部分地区,见图5.1。研究区的交通、气象、地形地貌、地层岩性、地质构造等自然条件与前述重点研究区域基本相同。

5.2 井间干扰的影响因素研究

地热井井间干扰有3种表现:一是水位降深至一定程度时,受干扰的单井涌水量小于干扰前的单井涌水量;二是井的涌水量相同时,干扰井的水位降深大于非干扰的水位降深;三是受干扰的地热水水温降低。

在实际应用中,常以干扰系数、水位消减值、影响半径等指标来衡量干扰程度的大小,干扰系数、水位消减值、影响半径越大,干扰程度越强。而这些指标之间也相互关联、相互制约,同时也受到地热水补径排及赋存条件、岩溶发育程度等因素的影响,因此,要综合各因素对地热井进行井间干扰分析,下面逐一论述。

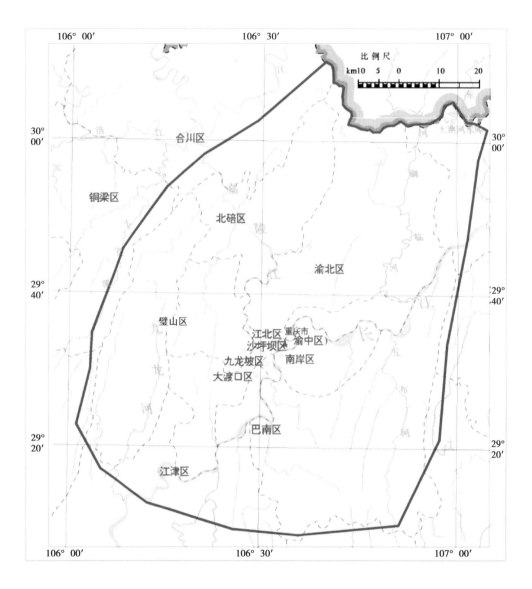

图 5.1 研究区范围示意图（渝 S〔2014〕22 号）

5.2.1 补径排及赋存条件

重庆市热储结构以层状热储为主，地热水补给区为背斜轴部的岩溶区，聚集大气降水通过漏斗、溶隙等向地层深处渗透，地热水以横向径流为主，水温随埋深增加、地温升高而升高；深部地热水主要沿纵向径流，然后在地表减压最大的地段，即江、河横向深切地段（"减压天窗"处）排泄地热水形成温泉。因此，热储构造（高隆起背斜）两翼为相互独立的地热田。重庆市地热井主要在背斜翼部适当部位实施，分别处在背斜两翼的地热井之间是不存在干扰的。从地热井补径排及赋存条件来讲，发生井间干扰要满足以下两点：地热井存在于补径排及赋存条件大致相同的同一水文地质单元内；井与井之间存在一定的水力联系。

根据地热水补径排及赋存条件的不同,地热井可分为 3 种类型:a. 热储裸露泄流区(传统的温泉出露段);b. 构造交汇地热水富集区(铜锣峡背斜与南温泉背斜交汇段);c. 单体产出的热储分布区。

观音峡背斜东翼地热水横向径流示意图如图 5.2 所示。

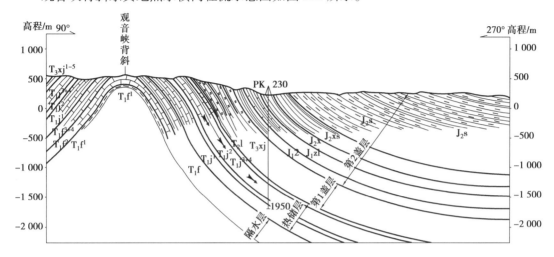

图 5.2 观音峡背斜东翼地热水横向径流示意图

(1)热储裸露泄流区

该区一般有天然温泉出露,并实施了部分浅井,如南温泉背斜轴部小泉 1 号与 4 号井,南温泉公园井与天之泉,背斜南端南二井、南电井、华馨井,各井补径排及赋存条件类似,地热水较为富集,且埋藏较浅,各井之间存在水力联系,抽水试验证明其存在相互影响。

(2)构造交汇地热水富集区

在研究区内主要是指铜锣峡背斜与南温泉背斜交汇段,该区裂隙发育,地热水富集,地热水同时赋存于岩溶管道与裂隙中,在该区实施地热井,极有可能增加各地热井之间及地热井与天然温泉之间的连通程度。以铜锣峡地热井为例,该井位于铜锣峡背斜南倾没端的北西翼近轴部,附近有望江地热水井、南山地热水井、W21 温泉,各井泉位于同一水文地质单元内,其地热水均来自铜锣峡背斜南倾没端嘉陵江组二段中,其中望江地热水井距铜锣峡地热水井 750 m,南山地热水井距铜锣峡地热水井 1 212 m,未开发利用;W21 温泉距铜锣峡地热水井 840 m,现已被江水淹没无法观测。故对铜锣峡地热井和望江地热水井进行了干扰抽水试验,据《重庆市江北区铜锣峡地热水资源储量核实报告》(2012 年),试验工作于 2011 年 6 月 22 日 8 点开始,至 6 月 25 日 16 点结束,历时 3 天。试验数据见表 5.1。

通过本次放水试验,结果表明,铜锣峡地热井和望江地热井存在以下相互影响。

①当铜锣峡地热井单井大降深放水时,望江地热井的静止水位有所下降(+29.2 m,望江地热井单井放水试验静止水位为 +31.0 m)。

②当铜锣峡地热井单井二次降深放水时,望江地热井的静止水位较大降深放水上升了1.2 m。

③当降深相同时(33.2 m),铜锣峡地热井单井放水时井口出水量为 1 560.47 m³/d,两井同时放水时铜锣峡地热井降深为 1 420.2 m³/d,水量减少 140.27 m³/d。

表 5.1 铜锣峡地热井、望江地热井干扰井放水试验统计表

试验项目		铜锣峡地热井单井大降深放水	铜锣峡地热井单井二次降深放水	铜锣峡地热井、望江地热井同时放水	望江地热井单独放水
放水时间		6月22日8点—23日10点	6月23日10点10分—24日0点	6月24日7点—25日8点	6月25日8点—25日16点
铜锣峡地热井	静水位/m	+33.7[230.04]	+33.7[230.04]	+33.7[230.04]	—
	动水位/m	+0.5[196.84]	+11.7[208.04]	+0.5[196.84]	
	降深/m	33.2	22	33.2	
	水温/℃	41	40.5	40.5	
	水量/(m³·d⁻¹)	1 560.47	952.13	1 420.2	
	水质	清澈	清澈	清澈	
望江地热井	静水位/m	+28.8[238.8]	+29.4[239.4]	+28.8[238.8]	+31[241.0]
	动水位/m	—	—	+0.24[240.16]	0[210]
	降深/m	2.2	1.6	30.16	31
	水温/℃	—	—	41	41
	水量/(m³·d⁻¹)	—	—	1 546.56	1 744.33
	水质	—	—	清澈	清澈

注:表中[　]里面内容为标高,铜锣峡地热井井口标高196.34 m,望江地热井井口标高210.0 m。

④两井同时放水时,望江地热井井口水量(1 546.56 m³/d)较单井放水时(1 744.33 m³/d)减少了 197.77 m³/d。

因此,铜锣峡地热井和望江地热井存在一定的水力联系,必须严格控制本区钻井的开采量,保证地热水资源的可持续利用。

(3)单体产出的热储分布区

单体产出的热储分布区即背斜两翼深埋的热储分布区,地热水主要赋存于深部岩溶管道中,富集程度不均,常用深井钻探来揭露地热水,处在背斜同一翼的相邻地热井,若揭露了相互连通的岩溶管道,也会相互干扰。

5.2.2 井间距

井间距是决定井间是否存在干扰的重要因素。针对层状热储,确定井间距主要有平均布井法、热能均衡法、井组抽水试验法、水位削减法、开采比例法,重庆市目前主要采用开采比例法,以上方法在计算过程中部分参数是人为确定的,具有一定的随意性,应根据各类方

法的适用条件及当地的地热资源勘查程度,因地制宜地选择计算方法。

目前,重庆地区在地热资源勘查实施方案阶段,常通过计算邻近井的影响半径来确定井位;在地热资源详查评价及划定矿区范围时,常通过干扰抽水试验或单井抽水试验确定影响半径,以 3 倍的影响半径为依据外延作为矿区范围。在已知影响半径的情况下,井间距是否存在井间干扰的决定性因素,若相邻两口井影响半径之和大于两井之间的直线距离(以下简称"井间距")L,即两井的影响范围(降落漏斗)有重叠,则两井抽水时,必存在干扰;反之,则不存在干扰。然而,事实证明,即使井间距大于影响半径,也是可能存在干扰的,以北碚区静观地热井为例,静观 ZK1 井抽水量达 737 m³/d 时,影响半径为 356.6 m,而 ZK1-1 井抽水量达 507 m³/d 时,影响半径为 446 m,两井相距 900 m,大于两井均抽水时的影响半径之和。2012 年,对静观 ZK1-1 井进行抽水试验,对静观 ZK1 井进行了同步观测,静观 ZK1 井压力下降0.4 MPa,说明两井之间存在水力联系。

为何通过判断影响半径和井间距的关系难以有效指导合理布井? 这是因为目前重庆市地热水单井所确定的 R 值就是一个半经验值,况且 R 值的大小与含水段的厚度及半径经验公式相关,还有部分地热井与温泉相距 16 km(南二井与南温泉),仍存在干扰,因此,应考虑不同热储构造、不同的含水状况及开采量的大小来综合确定井间距。

目前相关政府管理部门对地热矿权的管理,就是在区域上保证其布局合理科学利用的有效方法。对地热矿权审批来说,除了社会经济方面的因素外,最重要的是如何确定地热井的合理井距。井间距过大虽然对保护地热资源有利,但会抑制利用;井距过小,则会造成井间干扰,水位下降过快,而使得地热田使用寿命缩短,不可持续。在勘查靶区附近有地热井的情况下,地热勘探定井需慎重。

5.2.3 单位出水量

由影响半径计算公式及经验值表可以看出,单位出水量(q)越大,意味着所需的补给量越大,补给源越远,抽水的影响半径 R 也越大,对周边井产生干扰的可能性越大。

在实际勘查工作中,管理部门常通过降低批准开采量或封井的形式来减少或避免对已有温泉或地热开采井的影响。以铜锣峡背斜东翼一口天然气钻井(铜五井)为例,该钻井位于统景温泉风景区以东约 2.4 km 处段家湾,开孔层位为侏罗系中统沙溪庙组地层,井口标高200.60 m,揭露嘉陵江组主要热储层的井深为 2 005 m 未到底(即未揭穿),涌水量为7 200 m³/d,水温 62 ℃,其水质与统景温泉的水质相近,同属 SO_4-Ca 型,说明统景温泉与铜五井地热水有着密切的联系,应归属铜锣峡背斜东翼地热田的地热水。铜五井涌水后,对统景温塘坝温泉、ZJ1 号地热水井进行了系统观测,发现水位、流量均有明显降低或减少。为了保护统景风景区温塘坝的温泉、热水井不受影响,对铜五井地热水作了关闭处理。

5.2.4 岩溶含水层的连通性

由影响半径计算公式及经验值可以看出,影响半径大小与渗透系数(K)、含水层厚度等指标相关。渗透系数(K)越大,含水层透水能力越强,抽水影响范围也越大,影响半径 R 越大;含水层越厚,抽水影响的范围也越大,影响半径 R 越大,对邻近井产生干扰的可能性越大。而渗透系数、含水层厚度均与含水介质岩溶发育程度有关。

研究区内的地热水主要赋存于深部嘉陵江组碳酸盐岩地层中。由于岩溶发育的不均一性,地热水含水层(段)数量、厚度、分布高程等极不均一。这一方面导致背斜同一翼不同部位地热水水量、水温、水压等差别较大,另一方面也影响了相邻地热井之间的连通性,进而影响了干扰程度。因岩溶发育程度不均而产生干扰的现象在研究区内较为普遍,本次研究以观音峡背斜、统景风景区地热井、南温泉为例进行说明。

1)观音峡背斜

由于重庆地区地热井一般均采用牙轮钻头全面钻进,无法通过岩粉录井直接观察热储层中的溶蚀现象,通常是根据施工记录和简易水文地质观测资料,并结合物探测井成果综合判定其可能的含水区段(含水层),热储含水层能在一定程度上显示岩溶发育程度及其空间分布状况,因此,将含水层视为岩溶相对比较发育的区段。

以观音峡背斜为例,背斜两翼已实施钻井的含水层数量、厚度以及分布高程(表5.2、图5.3 和图5.4),各地热井中的热储含水井段(含水层)在构造线方向及垂向上分布极为不均,层数和钻厚及间距差异较大,一般有 3 ~ 4 个含水层,单层厚度多介于 5 ~ 50 m(平均23.73 m),含水层间距数米至数十米不等,各地热井热储含水层总厚占主要热储层总厚的比例一般为 10% ~ 40%(平均19.51%)。嘉陵江组第三段 T_1j^3 和第二段 T_1j^2 岩溶相对比较发育,在 90% 的钻井中都有 2 ~ 3 个含水井段(含水层),且单层厚度多在 25 ~ 50 m;嘉陵江组第四段 T_1j^4 中含水层数量相对较少,多数钻井只有一层,单层厚度也多在 25 m 以下。由此说明深部热储层中的岩溶发育不均匀,各热储中的溶蚀管网相互连通性比较差。

观音峡背斜目前有天然温泉、洞中温泉4 处,地热浅钻井 1 处,深钻井 17 处。各钻井之间直线距离 0.6 ~ 32 km 不等,据各钻井抽(放)水试验观测,仅静观 ZK1 与 ZK1-1 井在 2012年抽(放)水时存在相互影响,其余钻井均未发现干扰现象,其原因可能是地热井岩溶含水层之间并不连通。2012 年,对静观 ZK1-1 井进行 3 次抽水试验,对静观 ZK1 井进行了同步观测,在第一、第二次抽水时,静观 ZK1 井压力下降 0.4 MPa,说明两口井岩溶管道是连通的。在对 ZK1-1 井进行第三次试抽水时,连续观测 21 h,ZK1 井压力无变化,推测岩溶管道可能被堵塞。由此可见,岩溶含水层之间的连通性,即岩溶发育程度也是决定地热井之间是否产生干扰的重要因素。

表 5.2 观音峡背斜热储含水井段(含水层)汇总表

地热井位置			静观 ZK1	静观 ZK1-1	颐尚	水天花园	中安翡翠	梨树湾	华岩	小南海	珞璜	西永	天赐	贝迪	马家沟	磨刀溪	合计
主要热储层	T_1j^4	层数/层	1		1	1	3	1	1	1			1	2		2	14
		合计厚度/m	6		48	20	25	2	9	4			46	21		22	203
	T_1j^3	层数/层	3	1	2	1	1	1	1	1	2	2		1	1	1	18
		合计厚度/m	31	35	52	70	43	53	8	50	35	18		16	39	12	462
	T_1j^2	层数/层	3	2	1	1		1	1	1	1	2	1	1	1	1	17
		合计厚度/m	27	9	6	23		33	52	20	10	40	70	6	113	16	425
次要热储层	T_1j^1	层数/层						1									1
		合计厚度/m						73									73
层数/层			7	3	4	3	4	4	3	3	3	4	2	4	2	4	50
合计	热储层总厚/m		296	362	393	389	99	318	358	478	695	354	348	464	390	385	5 329
	含水井段总厚/m		64	44	106	113	68	161	69	74	45	58	116	43	152	50	1 163
	比例/%		21.62	12.15	26.97	29.05	68.69	50.62	19.27	15.48	6.47	16.38	33.33	9.27	38.97	12.99	21.82

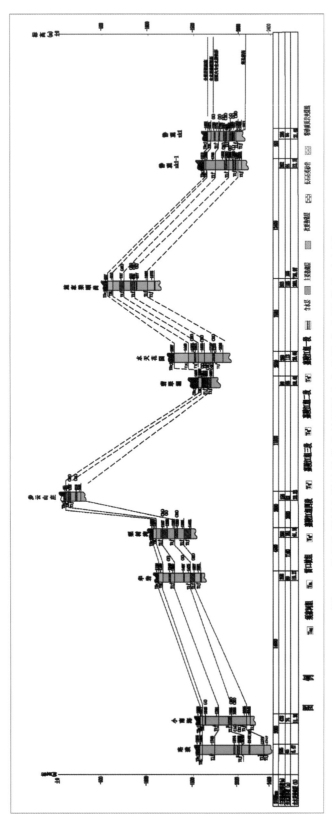

图5.3 观音峡背斜东翼地热井热储层及含水井段(含水层)柱状对比图

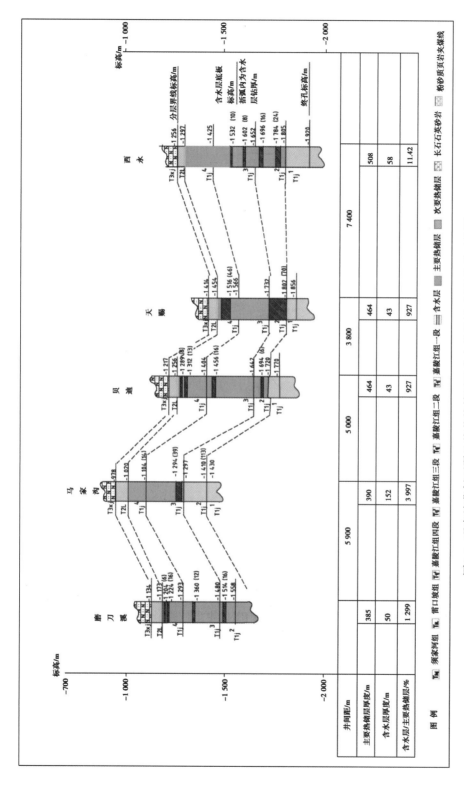

图5.4 观音峡背斜西翼地热井热储层及含水井段(含水层)柱状对比图

2)统景风景区地热井

据南江地质队 2008 年提供的《重庆市渝北区统景镇地热水资源调查评价报告》显示:统景风景区 ZJ2 井井深 118 m,自流量 4 483 m³/d,水温 53 ℃;RK1 井位于 ZJ2 井北西方向100 m,井深 200 m,静止水位 1. 65~3. 26 m,深 13 m 时,抽水稳定流量 1 413 m³/d,水温42 ℃。两口井开孔层位均为三叠系下统嘉陵江组第二段(T_1j^2),终孔层位为嘉陵江组第一段(T_1j^1),两口井均位于铜锣峡背斜东翼近轴部,属于同一水文地质单元,相对于 RK1 井,ZJ2 井处于地下水径流方向下游,如图 5.5 所示。

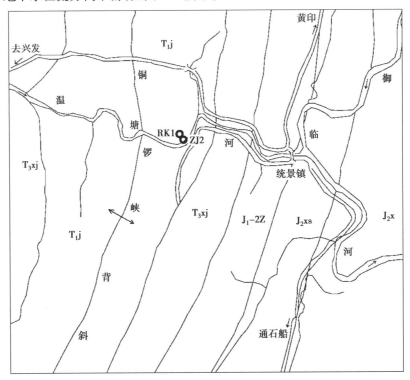

图 5.5　统景 ZJ2 井和 RK1 井钻井位置图

对 RK1 井和 ZJ2 井进行干扰抽(放)水试验,首先对 RK1 井进行抽水试验,观测 ZJ2 井井口压力,其次对 ZJ2 井进行放水试验,观测 RK1 井水位变化。依据 2001 年 11 月对 RK1井抽水试验,观测 ZJ2 井井口压力值,在整个抽水试验(42 h)延续过程中,当降深 13 m 时,抽水稳定流量为 1 413 m³/d,ZJ2 井口压力值未发生变化;依据 2002 年 9 月对 ZJ2 井放水试验,自流涌水量达 4 483 m³/d,相当于 RK1 井涌水量的 3.17 倍,当该井连续放水 15 h 后,观测 RK1 井水位由 -1.78 m 下降至 -3.25 m,总计水位下降 1.47 m(表 5.3),说明两井有水力联系,ZJ2 井处于热储主要通道,RK1 井抽水对 ZJ2 井影响极小。

另外,从温泉城钻井(ZJ2)及温泉度假村钻井(RK1)揭露的温度来看,钻井井口水温分别为 53 ℃、42 ℃。两井井距虽然只有 100 m 左右,但两井的水温、水量却相差极大,这反映了在温泉区钻探地热水时,只有钻井(ZJ2)揭露到地热水的主要通路,水温、流量才能获得最佳的效果。

表 5.3　ZJ2 井放水观测 RK1 井水位成果表

观测时间		水　位	观测阶段	观测结果
年-月-日	时:分			
2002-9-22	18:00	−2.30	放水前	水位上升 0.52 m
	18:30	−2.16		
	19:00	−2.12		
	19:30	−2.09		
	20:00	−1.89		
	20:30	−1.78		
	21:00	−1.80	放水中	水位下降 1.47 m
	21:30	−1.84		
	22:00	−1.89		
	22:30	−1.94		
	23:00	−2.05		
	0:00	−2.17		
2002-9-23	1:00	−2.29		
	2:00	−2.41		
	3:00	−2.53		
	4:00	−2.64		
	5:00	−2.76		
	6:00	−2.79		
	7:00	−2.93		
	8:00	−3.09		
	9:00	−3.25		
	9:30	−3.06	放水后	水位恢复 1.40 m
	10:00	−2.87		
	10:30	−2.68		
	11:00	−2.51		
	11:30	−2.35		
	12:00	−2.21		
	13:00	−2.09		
	14:00	−1.97		
	15:00	−1.85		

同时,RK1 井深 200 m,ZJ2 井深 118 m,RK1 井上部的次要含水层可能与 ZJ2 连通,而 RK1 井的主要含水层深度应当大于 118 m,故其抽水时对 ZJ2 井无影响。

3）南温泉

南温泉位于背斜轴部,开发历史悠久。20 世纪 60 年代初,由于钻探油气而施工的南二井(位于南温泉以南 16 km 的桥口坝),揭穿了深部岩溶管道,揭露了流量巨大(达 23 000 m³/d)的地下热水,造成卸压,破坏了地下热水的天然水动力平衡,从而使南温泉流量减少,水温降低,干扰极为严重。

5.2.5 抽(放)水时间

重庆市地热水井一般钻至嘉陵江组一段终孔,该段岩溶不发育,其上、下部分别为隔水层,可视为承压井,如图 5.6 所示。

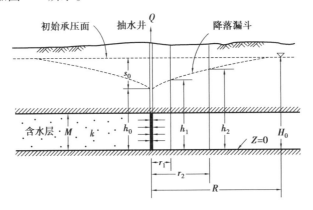

图 5.6 承压完整井抽水示意图

对有稳定补给水源的地热井,在其抽水达到稳定状态之前,抽(放)水时间越长,其补给范围越远,降落漏斗越大,对周边地热井产生干扰的可能性越大。同时,试抽水的过程也是洗井的过程,部分岩溶管道可能因此而疏通,增加了产生干扰的可能性。达到相对稳定状态以后,在抽水量和降深一定的情况下,地热水补给边界水头为零,其降落漏斗不再扩大,也不会对其影响半径 R 以外的地热井产生干扰。

在现实中,这种稳定井流一般是不存在的,从长远来看,地热水的补给量往往小于开采量,或者补给速率滞后于开采速率,若要获得与开采初期同样的出水量,则需要更远的补给途径,其影响范围也更大。不少地热井因无法获取充足的补给源,随着开采时间的延长,其流量不断衰减。

5.2.6 地震、隧道施工、地下矿山开采

1）地震

在区域地质构造上,研究区地处华蓥山基底断裂、长寿-遵义基底断裂之间地段,近年地震活动较为频繁,已对地热水产生了一定程度影响。从 20 世纪 80 年代重庆市开展地热水

资源勘查以来,影响较大的有如下两次地震活动。

一次是 1989 年重庆市渝北区统景 5.2—5.4 级地震,震后统景温泉景区新增加 16 眼温泉,原有的 11 眼温泉水温有不同程度增高;统景 ZJ1 井,地震前埋深 8 m,震后第二天喷出孔口,地下水位上升了 10 m 以上。

另一次是 2008 年 5 月 12 四川汶川 8 级大地震(属毗邻的龙门山基底断裂带),使地段内多个构造带地热水发生变化,并造成了北温泉在嘉陵江北岸的 3 个温泉眼断流。

"5·12"汶川大地震前,观音峡背斜东翼华岩井的静水压力为 0.55 ~ 0.58 MPa,井口自流量为 1 294 ~ 1 440 m³/d,井口水温 50 ℃;地震后静水压力降至 0.28 MPa,井口自流量减少至 606.53 ~ 667.87 m³/d,井口水温上升至 52 ℃。

西山背斜玉龙镇地热水井也出现了类似现象。2003 年勘查评价时静水压为 0.6 MPa(受周边隧道工程开拓影响,静水压已有所下降),2008 年"5·12"汶川大地震后静水位突降至井口以下 7 m,下降了 67 m,并保持至 2013 年不变,这说明也受到了"5·12"大地震的影响。

地震活动疏通或挤压深部裂隙,不同程度地升高或降低了地热水水位,改变了地热井涌水量,从而改变了地热水抽(放)水影响半径,进一步影响其井间干扰程度。

2)隧道施工

研究区主要为重庆市主城区,各大背斜轴部有多条隧道通过,由于这些隧道工程大多要穿越背斜轴附近的雷口坡组(T_2l)、嘉陵江组(T_1j)岩溶裂隙含水层,不少工程已造成隧道内大量突水、地表水和地下水被疏干、地下水位下降、泉井干枯、地表塌陷(含开裂和沉降)等不良地质现象,若水文地质工程地质条件大范围改变,还将影响到地热水补给与循环条件,使地热水资源量减少、水温降低。

较典型的例子是位于观音峡背斜东翼的梨树湾井,该井 2003 年井口自流量为 6 023.81 ~ 6 275.23 m³/d,井口静水压为 2.21 ~ 2.275 MPa、井口水温为 54 ℃;受周边几个隧道工程施工影响,2007 年井口自流量降至 5 901 m³/d,静水压降至 2.08 MPa;2011 年双碑隧道开拓中地热水井衰减明显,该隧道揭露雷口坡组(T_2l)地层时大量突出地热水,突水水量超过 20 000 m³/d,水温 40 ℃,测得梨树湾井静水压力 0.52 MPa、井口自流水量 2 920.80 m³/d;2013 年 5 月静水压已降至 0.49 MPa,自流水量降至 2 820.96 m³/d,水温仍保持 54 ℃不变。

另外,据 2017 年 5 月 8—13 日干扰抽水试验观测,北碚区静观台农园 ZK3 井静止水位为 +45 m,井口涌水量为 736 m³/d,水温为 58 ℃;而在 2016 年 8 月,该井静止水位为 +62 m,井口涌水量为 3 849 m³/d,水温为 59 ℃,水量大幅衰减,推测与此井北 2 ~ 3 km 的华蓥山隧道施工有直接关系,该隧道于 2017 年年初贯通。

总之,隧道施工改变了地热水的补给与循环条件,使地热水资源量减少、水位降低,进而影响地热井井间干扰程度。

3)地下矿山开采

在研究区内各背斜翼部开采须家河组(T_3xj)煤层时,可能出现局部疏干下部热储层地下水,改变了地热水的补给与循环条件,影响地热井出水量、水位、水温等,进而影响地热井井间干扰程度,其原理与隧道工程对地热水影响相似。

5.2.7　小　结

地热井的井间干扰情况受补径排及赋存条件、井间距、岩溶含水层的连通性(岩溶发育程度)及地震、隧道、地下矿山开采等多个因素的影响。

①补径排及赋存条件是产生井间干扰的前提,地热井必须存在于补径排及赋存条件相似的同一水文地质单元内,井与井之间存在一定的水力联系,才会产生干扰。

②井间距是决定井间是否存在干扰的重要因素,井间距越小,产生干扰的可能性越大;地热井单位出水量越大,所需的补给量更大,补给源更远,抽水的影响半径也越大,对周边井产生干扰的可能性就越大。

③岩溶含水层的连通性(岩溶发育程度)是影响井间干扰的关键因素,岩溶发育程度越强,含水层连通性越强,产生干扰的可能性就越大。

④地震活动、隧道施工、地下矿山开采等主要通过疏通含水层裂隙,改变了地热水的补给与循环条件,影响地热井出水量、水位、水温等,进而影响地热井井间干扰,此类工程活动都加剧了井间干扰程度。

⑤相邻地热井产生干扰一般不仅受一个因素的影响,通常是多个因素共同起作用。

5.3　地热水井间干扰数值模拟

5.3.1　模型的选择

Visual MODFLOW 是加拿大 Waterloo Hydrogeologic Inc 在美国地质调查局 MODFLOW 软件(1984 年)的基础上应用可视化技术开发研制的,其基本原理是应用有限差分法对渗流场进行离散求解,得到离散点上的近似值。

Visual MODFLOW 主要由下列软件包组成:MODFLOW—水流模拟;Zone Budget—水均衡分析;MODPATH—流线示踪分析;MT3D—溶质运移模拟;WinPEST—参数自动识别;3D - Explorer—模拟结果的三维显示。该软件把水流、流线、溶质运移模拟与计算机直观、高效的通用图视界面有机地结合在一起。

本次研究选用地热勘查程度较高的重庆观音峡背斜北段东翼静观片区作为研究对象,尝试利用 Visual MODFLOW 软件建立该片区的地下水流数值模拟模型,预测分析不同开采方案下的井间干扰程度,以期为地热资源勘查合理布井提供依据。

5.3.2　研究区地热地质概况

1）地理位置

观音峡背斜北段东翼静观片区位于重庆市北碚区东北部,嘉陵江东岸,东与三圣镇毗邻,西与天府镇毗邻,南与水土镇相连,北与柳荫镇相接,面积 45 km²,如图 5.7 所示。

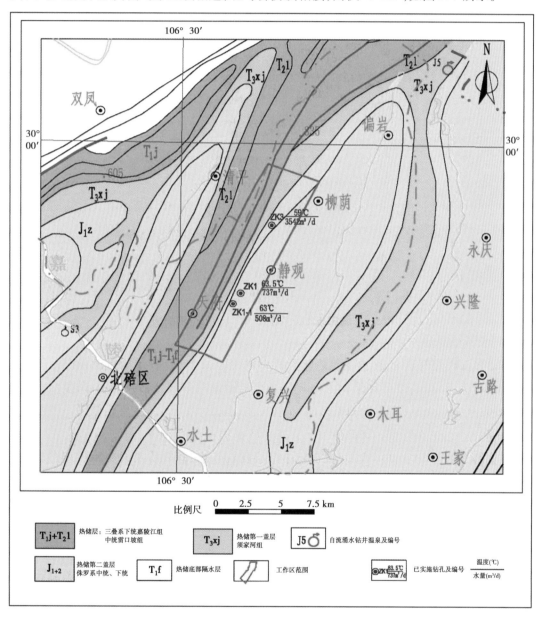

图 5.7　工作区地热地质平面图

2）热储构造及热储层

区域内由嘉陵江组和雷口坡组碳酸盐岩构成的热储层,在背斜两翼及其倾没端分别呈带状和环带状连续延展,且无断层切割。在横向上则呈倾角不等、形态相近的单斜展示,其上覆盖层和下隔水层也与之平行延展,整个热储构造十分完整,且相对比较封闭。区内各褶皱束中的背斜两翼,除倾没端外,均分别构成一个要素齐备的单斜储热构造,各自独立而互不干扰,且延伸较长,展布较宽,故其热储条件十分优越,如图5.8所示。

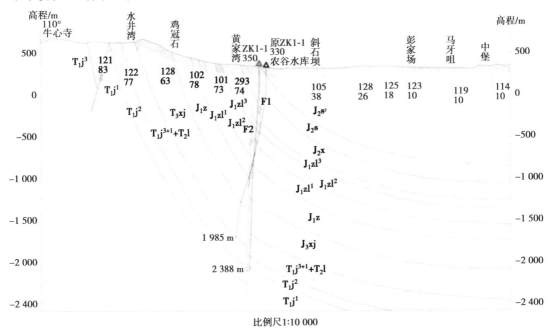

图 5.8　重庆市北碚区静观 ZK1-1 井钻探剖面图

（1）主要热储层

据区域地热资料显示,区内主要热储层为嘉陵江组二、四段,其原因可能是白云质含量较高和夹膏盐角砾岩(深部为膏盐层,下同),但经观音峡背斜部分钻井揭示,嘉陵江三段的涌水区段(热储含水层)和流量却略多(高)于二、四段,故均应列入主要热储层。各段主要岩性如下:

①嘉陵江组四段(T_1j^4):浅灰、黄灰色中厚层状白云岩、白云质灰岩夹薄层灰岩及膏岩角砾岩,地表岩溶不发育,深部溶蚀较强烈,涌水区段明显,区域厚度 88～93 m。

②嘉陵江组三段(T_1j^3):灰、浅灰色中厚层状灰岩夹薄层白云岩和白云质灰岩,偶夹膏盐角砾岩,地表溶蚀作用强烈,多落水洞和溶蚀漏斗,深部溶蚀作用强烈,涌水区段较多,厚 137～204 m。

③嘉陵江组二段(T_1j^2):浅灰、黄灰色中厚层状白云岩夹薄层灰岩,白云质灰岩和膏岩角砾岩,地表岩溶不甚发育,深部溶蚀较强烈,涌水区段较多,水量相对较大,水温较高,厚 84～97 m。

（2）次要热储层

嘉陵江组一段(T_1j^1):灰、浅灰、深灰色薄-中厚层状灰岩夹少量生物碎屑灰岩和页岩,地表岩溶发育,多溶蚀洼地,其间落水洞和溶蚀漏斗多呈串珠状展布,深部溶蚀微弱,偶见涌水区段。鉴于各地热井均未揭穿该热储层,对其地热水的赋存状况尚待做进一步的探索。

雷口坡组(T_2l):灰、黄灰色白云岩、灰质白云岩和白云质灰岩夹膏盐角砾岩和钙质页岩,底部为黏土岩。该组地层岩性和厚度变化较大,地表岩溶不发育,深部未见明显的涌水区段,厚度为 0 ~ 110 m。

(3)热储盖层

须家河组为热储层的直接顶板(即第一盖层),主要由砂、泥岩地层组成,在横断面上呈不等厚互层展示,厚 421 ~ 503 m。其间砂岩在浅部富含孔隙裂隙水,但深部裂隙不发育,与其间的泥岩具有良好的阻水性。其上覆侏罗系各岩组以泥质岩为主夹数十层厚度不等的砂岩和薄层泥质灰岩或介壳灰岩,总厚达 1 000 余米,整体隔水效果较好,具有良好的保温作用,习惯称为热储层第二盖层。

(4)热储下部隔水层

飞仙关组(T_1f):地层为嘉陵江组热储层的直接底板,厚 450 余米,其岩性主要为钙质泥岩夹粉砂岩,虽其间夹厚达 100 余米的碳酸盐岩,但埋藏较深,加之上下有泥质岩层相隔,对上覆热储层仍具有良好的隔水作用,可阻隔热储层中地热水向下渗透,利于地热水的储集。

3)地热井概况

研究区内已成功施工地热井 3 口,流量均大于 500 m^3/d,水温介于 59 ~ 63.5 ℃,且普遍含偏硅酸、偏硼酸和氟、锶、镭等有益组分(元素),已达到理疗热矿水的标准,ZK1 与 ZK-1 井间距 0.9 km,ZK1 与 ZK3 井间距 5.3 km,至本研究结题时仅 ZK1、ZK1-1 按相关规定申报了矿权范围和办理了开采许可手续,获得了采矿(地热水)权,ZK3 已完成一个水文年的长观工作并提交了详查评价报告(表5.4)。

表 5.4 模拟区已施工钻井统计表

地热井名称	井口坐标		井口标高 /m	开孔层位	井深 /m	水温 /℃	流量 /($m^3 \cdot d^{-1}$)	降深 /m	影响半径 /m
	经度	纬度		终孔层位					
ZK1	106°32′18.33″	29°52′24.68″	325.8	J_2s^2	2 296.68	63.5	737	316	707
				T_1j^1					
ZK1-1	106°32′3.93″	29°51′56.81″	350	J_2s^2	2 388	63	508.03	355	502
				T_1j^1					
ZK3	106°32′00″	29°45′30″	390	J_1zl^3	2 376.74	59	3 542	60	543
				T_1j^1					

5.3.3 边界条件

边界条件,即渗透区边界所处的条件,用来表示水头 H(或渗流量 q),在渗流区边界上所应满足的条件,也就是渗流区内水流与周围环境相互制约的关系。地下水流中遇到的边界条件主要有以下两类。

1) 第一类边界条件(Dirichlet 条件)

如果在某一部分边界(设为 S_1 或 Γ_1)上,各点在每一时刻的水头都是已知的,则这部分边界就称为第一类边界或给定水头的边界,表示为

$$H(x,y,z,t)\,|\,S_1 = h(x,y,z,t) \qquad (x,y,z) \in S_1, t \geqslant 0$$

或

$$H(x,y,t)\,|\,\Gamma_1 = h(x,y,t) \qquad (x,y) \in \Gamma_1, t \geqslant 0$$

式中 $H(x,y,z,t)$ 和 $H(x,y,t)$ 分别表示在三维和二维条件下边界段 S_1 和 Γ_1 上点 (x,y,z) 和 (x,y) 在 t 时刻的水头, $h(x,y,z,t)$ 和 $h(x,y,t)$ 分别是 S_1 和 Γ_1 上的已知函数。

2) 第二类边界条件(Neumann 条件)

当知道某一部分边界(设为 S_2 或 Γ_2)单位面积(二维空间为单位宽度)上流入(流出时用负值)的流量 q 时,称为第二类边界或者给定流量的边界,相应的边界条件表示为

$$k \frac{\partial H}{\partial n} \bigg|\, S_2 = q(x,y,z,t) \qquad (x,y,z) \in S_2, t > 0$$

或

$$T \frac{\partial H}{\partial n} \bigg|\, \Gamma_2 = q(x,y,t) \qquad (x,y) \in \Gamma_2, t > 0$$

式中 n 为边界 S_2 和 Γ_2 的外法线方向。 $q(x,y,z,t)$ 和 $q(x,y,t)$ 则为已知函数,分别表示 S_2 上单位面积和 Γ_2 上单位宽度的侧向补给量。

这类边界中最常见的就是隔水边界,此时侧向补给量 $q = 0$。在介质各向同性的条件下,上两式可简化为:

$$\frac{\partial H}{\partial n} = 0$$

5.3.4 水文地质概念模型

水文地质概念模型是对水文地质条件的简化,是对地下水系统的科学概化,其核心为边界条件、内部结构、地下水流态三大要素,能够准确充分地反映地下水系统的主要功能和特征。根据研究区的地层岩性、水动力场、水化学场的分析,从而确定概念模型的要素,即把含水层实际的边界性质、内部结构、渗透性能、水力特征等条件概化为便于进行数学与物理模拟的基本模式。

在研究过程中尽量忽略了与研究问题无关的其他因素,降低了研究区域结构的复杂性,这也是水文地质模型建立的目的。同时,建立水文地质模型必须对研究区域的地下水进行必要的分析,尽可能将水力特性、渗透系数等要素进行简化,以便于建立数学模型。

根据计算区水文地质条件,选择三叠系下统嘉陵江组(T_1j)和中统雷口坡组(T_2l)岩溶

含水层作为地下水数值模拟计算的主要目的层,整体上该含水层可概化成非均质-各向异性的潜水-承压水含水层,地下水具有统一水位。

在综合分析区内水文地质条件及所建立的水文地质结构模型的基础上,确定模拟区的边界条件、各均衡要素、参数分布等,调查、分析、计算研究区地下水的各补排项,进而建立水文地质概念模型。

研究一个目标系统对地下水的影响时,当周边没有第一类边界条件或者距离较远时,可以以目标系统的边界为基础往四周延伸3~5 km作为模拟区的边界,概化为二类流量边界。因此,模型的南、北两侧可作为二类流量边界进行处理,以ZK1-1井向南延伸5 km为南边界,ZK3井向北延伸3 km为北边界;含水层上部的东侧J+T_3xj地层和下部的T_1f地层,其厚度较大,地下水活动相对较差,作为隔水层处理为低渗透性,模拟区的东西边界均为隔水层的边界。研究区边界概化如图5.9所示。

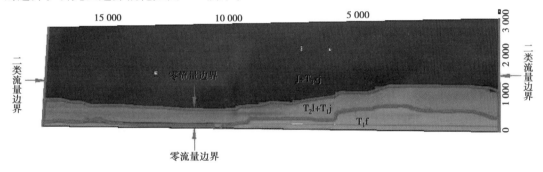

图5.9 研究区边界条件概化图

5.3.5 数学模型的建立

1)数学模型的建立

根据水文地质概念模型及含水岩组的水力性质,可将模拟区地下水流概化成非均质各向同性、非稳定地下水流系统,并建立相应的数学模型:

$$\frac{\partial}{\partial x}\left(k_x \frac{\partial h}{\partial x}\right) + \frac{\partial}{\partial y}\left(k_y \frac{\partial h}{\partial y}\right) + \frac{\partial}{\partial z}\left(k_z \frac{\partial h}{\partial z}\right) + W = u_s \frac{\partial h}{\partial t}$$

$$h(x,y,t)\big|_{t=0} = h_0(x,y) \qquad (x,y) \in D$$

$$h(x,y,z,t)\big|_{\Gamma_1} = h(x,y,z,t) \qquad (x,y,z) \in \Gamma_1, t \geq 0$$

$$k\frac{\partial h}{\partial n}\bigg|_{\Gamma_2} = q(x,y,z,t) \qquad (x,y,z) \in \Gamma_2, t > 0$$

式中 k_x, k_y, k_z——渗透系数在x,y,z方向的分量,m/d;

  h——地下水水位,m;

  W——单位体积流量,用以表示流进源或流出汇的水量,L/h;

  u_s——含水岩组的储水率,L/m;

  $h_0(x,y,z)$——已知水位分布,m;

t——时间,h;

D——模拟区范围;

Γ_1——一类边界;

Γ_2——二类边界;

n——边界上的外法线方向;

q——二类边界上的已知流量分布。

研究中,首先利用以往地层剖面资料建立研究区的三维地质模型,然后利用以往抽水试验数据,依据研究区水文地质条件,结合该区水文地质参数经验值,插值后生成渗透系数等值线作为参数初值,再利用已有钻孔的抽水试验资料对模型进行识别和验证,最后利用经识别后的模型,分析在不同条件下地下水流场的变化情况。

2)网格剖分

根据地下水流系统数值模型及 Visual MODFLOW 的要求,将模型采用网格剖分,并对 ZK1、ZK1-1、ZK3 地热井所在位置进行网格细分。由于缺乏大量的深井资料,本次数值模拟参照了以往研究区的 8 条实测地层剖面,并在剖面与主要地层分界面的交点上布置了虚拟钻井,以反映模型区域的深部地质结构,建立模型区的三维地质模型。平面上将计算区域剖分成为 75 行 29 列,共 2 175 个网格。

3)参数初值

预测地热井间的干扰程度,正确地选择模拟区水文地质参数十分重要。因此,首先根据已有水文地质试验资料进行模拟,再以经过其验证的参数作为井间干扰模拟的基础,并适当调整后进行模拟与预测。

利用 ZK1 井 2010 年 1 月 19—22 日、ZK1-1 井 2012 年 11 月 25—28 日、ZK3 井 2016 年 12 月 17—20 日抽(放)水试验以及前人所得参数获取水文地质参数初值,模拟区以往水文地质参数值见表5.5,结合该区水文地质参数经验值,插值后生成渗透系数等值线作为参数初值,目标含水层的渗透系数为 $0.01 \sim 0.82$ m/d,如图5.10所示。

表5.5 模拟区以往水文地质参数值

地热井名称	井口标高/m	水温/℃	流量/(m³·d⁻¹)	降深/m	影响半径/m	渗透系数/(m·d⁻¹)
ZK1	325.8	63.5	474.47	127	357.07	0.079
ZK1-1	350	63	296.35	457.2	446	0.009 5
ZK3	390	59	3 542	60	543	0.82

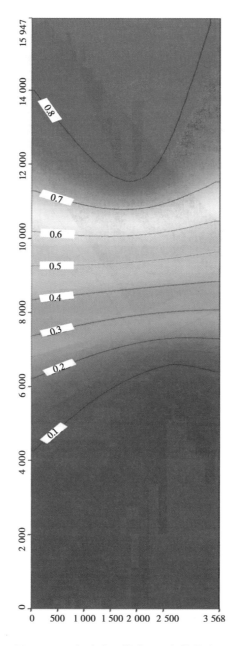

图 5.10　目标含水层的渗透系数等值线图

4）初始条件

根据边界条件概化结果,研究区东西两侧为零流量边界,可视为隔水边界,南、北边界为二类流量边界,北边为侧向补给边界,南边为排泄边界。考虑在边界处缺乏流量观测资料,在模型的潜水区域内,出露地表的水点众多,因此整体上为高水位槽谷,在 $T_1j + T_2l$ 系统内可以近似地认为地表高程与地下水位十分接近;承压区的地热水水头高度等值线暂由静观 ZK1 井、ZK1-1 井和 ZK3 井确定。在经过模拟后,得到稳定的地热水水头分布图,如图 5.11 所示。

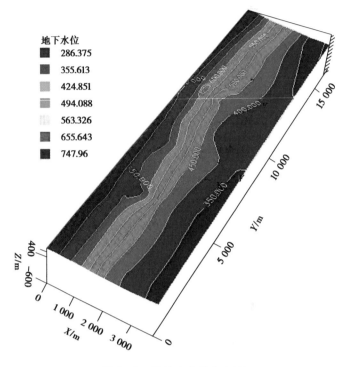

地下水位
■ 286.375
■ 355.613
□ 424.851
□ 494.088
□ 563.326
■ 655.643
■ 747.96

图 5.11　地热水水头分布图

5.3.6　模型的识别和验证

模型识别和验证的目的是检验所建数学模型在识别与验证期受各种因素激励后地下水动力场时空分布与实测值时空分布的一致性,分析数学模型对地下水系统的行为和功能的适应性,深化对水文地质条件的认识,确定水文地质参数。

模型中水文地质参数初值的确定主要根据前人工作成果和本次野外抽水试验的数据计算所得。

1)识别和验证的原则

模型的识别和验证主要遵循以下原则:

①模拟的地下水流场要与实际地下水流场基本一致,即模拟地下水水位等值线与实测地下水水位等值线形状相似。

②模拟地下水的动态过程要与实测的动态过程基本相似,即模拟与实际的地下水水位过程线形状相似。

③从均衡的角度出发,模拟后地下水均衡变化与实际要基本相符。

④识别的水文地质参数要符合实际水文地质条件。

2)识别时段的选择

对模型进行识别的主要目的是确定水文地质参数。利用 ZK1 动态监测资料和 ZK1-1 抽水试验资料进行识别和验证。

基于本次研究的目的和已获得的资料,确定识别时段的模拟期为 2010 年 12 月(ZK1 井)、2013 年 7 月(ZK1-1 井)、2017 年 5 月(ZK3 井),以模拟区 2010 年 1 月 19 日的地热水水头高度分布作为识别时段的初始流场,2017 年 5 月的地热水水头高度分布作为识别时段的末刻流场。

3)识别和验证

将识别阶段抽水试验观测水头值作为观测值,通过调整水文地质参数和边界条件,使计算的水头值与实测的水头值之差最小,以取得最佳的拟合效果。ZK1 井拟合曲线,观测值与计算值的偏离误差分别如图 5.12、图 5.13 所示;ZK1-1 井拟合曲线,观测值与计算值的偏离误差分别如图 5.14、图 5.15 所示。通过数据分析可知,ZK1 井观测值与计算值的残差均值为 0.013 m,ZK1-1 井观测值与计算值的残差均值为 0.038 m,说明模型的拟合程度较好。

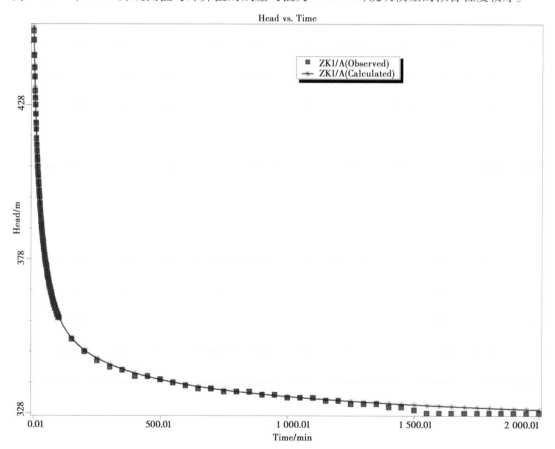

图 5.12 静观 ZK1 井地热水水头观测值与计算值拟合曲线

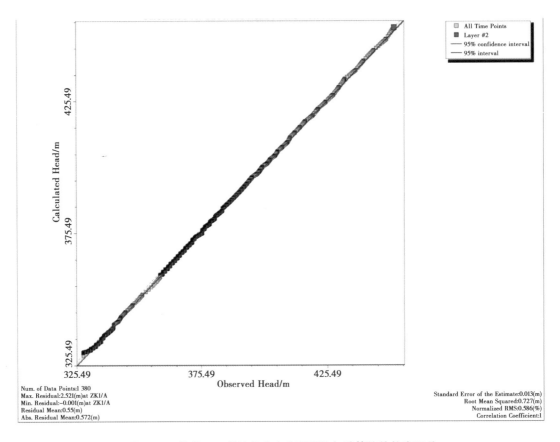

图 5.13　静观 ZK1 井地热水水头观测值与计算值的偏离误差

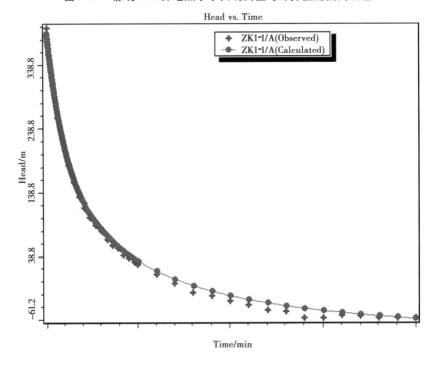

图 5.14　静观 ZK1-1 井地热水水头观测值与计算值的拟合曲线

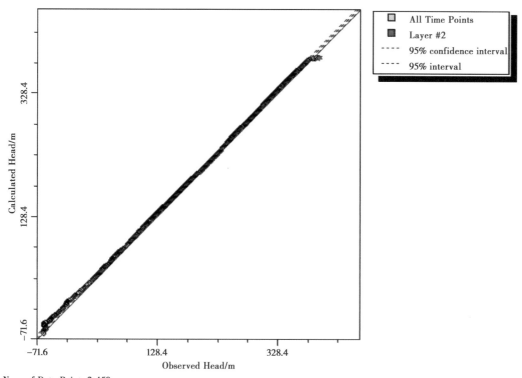

Num. of Data Points:2 450
Max. Residual:14.873(m)at ZK1-1/A
Min. Residual:−0.004(m)at ZK1-1/A
Residual Mean:4.92(m)
Abs. Residual Mean:4.963(m)

Standard Error of the Estimate:0.038(m)
Root Mean Squared:5.261(m)
Normalized RMS:1.153(%)
Correlation Coefficient:1

图 5.15　静观 ZK1-1 井地热水水头观测值与计算值的偏离误差

通过反复调整参数,研究中识别了水文地质条件,确定了模型结构、参数。

利用现有资料绘制了模拟区水头曲线,其中东部利用 ZK1、ZK1-1、ZK3 水头值;西部(背斜近轴部)岩溶槽谷区,泉点出露高程与岩溶地下水水头值相同,将该区地面高程线作为水头线;中部缺乏钻孔及泉点,其水头线为推测。在模拟期,含水层的模拟流场与初始流场对比如图 5.16 所示。

通过模型识别,模型的水头动态曲线与实测的水头曲线达到了较好的拟合,两者的动态变化过程比较吻合,模拟的流场也与实际流场比较吻合。模拟的流场基本反映了地下水流的现状特征,流场拟合情况较好。

在模型过程中,没有出现明显的误差累积和扩大的趋势,说明数学模型是可靠的,能够模拟工作区地下水的运动规律,其成果可以用在不同干扰条件下地下水流场的预测。

4)识别的结果

通过模型的识别和验证,获得了含水层的水文地质参数,水平渗透系数 $K_{xx} = K_{yy} = 0.011$,垂直渗透系数 $K_{zz} = 0.001\ 1$,每年降雨补给量 500 mm。

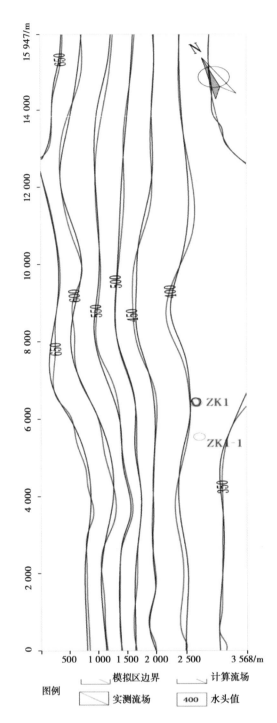

图 5.16 识别阶段地热水水头高度拟合图

5.3.7 井间干扰程度数值模拟

在识别和验证的地热水水流数值模型的基础上,改变该模型含水介质$(T_2l + T_1j)$参数(渗透系数K)、地热井井间距(D)和拟布钻孔开采量(Q),分析在不同条件下地热水流场的变化趋势,进一步验证各因素对井间干扰的影响。

1) 渗透系数对井间干扰强度的影响

渗透系数(κ)又称水力传导系数。在各向同性介质中,它定义为单位水力梯度下的单位流量,表示流体通过孔隙骨架的难易程度,表达式为

$$\kappa = K\rho g/\eta$$

式中　κ——渗透系数,m/d;

　　　K——孔隙介质的渗透率,它只与固体骨架的性质有关,md;

　　　η——动力粘滞性系数,Pa·s;

　　　ρ——流体密度,kg/m^3;

　　　g——重力加速度,m/s^2。

在各向异性介质中,渗透系数以张量形式表示。渗透系数越大,岩石透水性越强。

根据静观 ZK1 井和 ZK1-1 井以往抽水试验资料,建立模型,并进行识别和验证,获取了含水介质渗透系数初值,以此为基础,增加或减少渗透系数值,假定仅当 ZK1-1 井开采时,预测区内地热水流场的变化情况,判定是否对 ZK1 井产生干扰;对渗透系数与对应的 ZK1 井稳定水位标高进行相关性分析,得出相关系数(r),从而判断两者的相关程度,分析渗透系数对井间干扰程度的影响。

通过模型的识别和验证,静观片区热储层($T_2l + T_1j$)渗透系数初值为 0.011 m/d,当渗透系数分别取 0.005 m/d,0.008 m/d,0.011 m/d,0.014 m/d,0.017 m/d 时,ZK1 初始稳定水位标高值也随之变化,假定 ZK1-1 井开采量为 1 000 m^3/d,预测 ZK1 井水位标高(H)的变化情况,预测结果见表 5.6、图 5.17,表明 ZK1-1 井在开采量不变的情况下,改变渗透系数会对 ZK1 井水位产生影响。对渗透系数与抽水后 ZK1 井水位标高进行数据相关性分析,两者的相关系数(r)为 -0.983,表明渗透系数与水位标高负相关,随着渗透系数的增大,ZK1 井水位标高逐渐降低,说明含水介质的孔隙度越大,连通性越好,岩溶裂隙越发育,热储层的渗流条件越好,排水降压效果就越好,对相邻井的干扰也会呈现逐渐增大的趋势;反之亦然。

表 5.6　热储层渗透系数与 ZK1 水位标高对照表

渗透系数/(m·d^{-1})		ZK1 井初始稳定水位标高值/m	抽水后 ZK1 井稳定水位标高值/m	水头变化/m
减小初值	0.005	454	450	-4
	0.008	453	440	-13
初值	0.011	452	432	-20
增大初值	0.014	449	420	-29
	0.017	448	400	-28

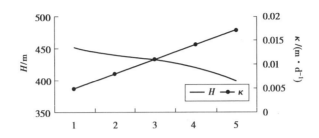

图 5.17　热储层渗透系数(κ)与 ZK1 井水位标高(H)相关曲线图

2)井间距对井间干扰强度的影响

以静观 ZK1-1 井为基础,假定在 ZK1-1 井北东侧不同距离处增加一个钻孔,其开孔层位均为侏罗系中统上沙溪庙组(J_2s^2),终孔层位为三叠系下统嘉陵江组第一段(T_1j^1),当该井开采时,其余现有钻孔均不开采。预测区内地热水流场的变化情况,判定是否对 ZK1-1 井产生干扰;对拟布钻孔和 ZK1-1 的井间距(D)与对应的 ZK1-1 井稳定水位标高进行相关性分析,得出相关系数,从而判断两者的相关程度,分析井间距对井间干扰的影响情况。

分别在静观 ZK1-1 井北东侧 1 km、2 km、3 km、4 km 处布设钻孔,假定拟布钻孔开采量为 1 500 m^3/d,预测不同井间距条件下地热水流场的变化情况,预测结果见表 5.7、图 5.18,表明在拟定钻孔开采量不变的情况下,改变井间距会对 ZK1-1 井水位产生影响。对井间距与 ZK1-1 井水位标高进行数据相关性分析,两者的相关系数(r)为 0.993,表明井间距与 ZK1-1 井水位标高正相关,随着井间距的增大,拟布钻孔开采时所形成的降落漏斗对相邻井产生干扰程度呈现逐渐减小的趋势;反之亦然。

表 5.7　拟布钻孔和 ZK1-1 井间距(D)与 ZK1-1 井稳定水位标高(H)对照表

井间距/km	ZK1-1 井初始稳定水位标高值/m	ZK1-1 井抽水后稳定水位标高值/m	水头变化/m
1	397	367	-30
2		378	-19
3		385	-12
4		392	-5

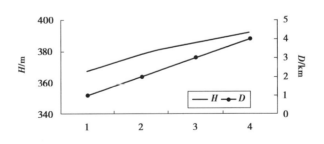

图 5.18　井间距(D)与 ZK1-1 井水头标高(H)相关曲线图

3）开采量对井间干扰强度的影响

以静观 ZK1-1 井为基础,假定在距 ZK1-1 井北东侧 1 km 处增加一个钻孔,其开孔层位为侏罗系中统上沙溪庙组(J_2s^2),终孔层位为三叠系下统嘉陵江组第一段(T_1j^1),并对该孔设置不同的开采量,当该井开采时,其余现有钻孔均不开采,预测区内地热水流场的变化情况,判定是否对 ZK1-1 井产生干扰;对拟布钻孔开采量(Q)与对应的 ZK1-1 井稳定水位标高(H)进行相关性分析,得出相关系数(r),从而判断两者的相关程度,分析开采量对井间干扰程度的影响情况。

假定拟布钻孔开采量分别为 500 m^3/d,1 000 m^3/d,1 500 m^3/d,2 000 m^3/d,预测不同开采量条件下地热水流场的变化情况,预测结果见表 5.8、图 5.19,表明在拟定钻孔井间距相同的情况下,改变开采量对 ZK1-1 井由最初无干扰变为产生干扰。对拟布钻孔开采量与 ZK1-1 井水位标高进行数据相关性分析,两者的相关系数(r)为 -0.993,表明开采量与 ZK1-1 井水位标高负相关,随着开采量的增大,对相邻井产生干扰呈现无影响至逐渐增大的趋势。

表 5.8　拟布钻孔开采量(Q)与 ZK1-1 井稳定水位标高(H)对照表

开采量 /($m^3 \cdot d^{-1}$)	ZK1-1 井初始稳定水位 标高值/m	ZK1-1 井抽水后稳定水位 标高值/m	水头变化/m
500		397	0
1 000		378	-19
1 500	397	367	-30
2 000		345	-52

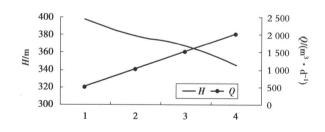

图 5.19　拟布钻孔开采量(Q)与 ZK1-1 井水位标高(H)相关曲线图

5.3.8　小　结

基于 Visual MODFLOW 软件平台,选用观音峡背斜东翼静观片区作为研究对象,建立了水文地质概念模型,模型南北边界为二类流量边界,东西为隔水层边界;利用 3 口地热井及 8 条实测地质剖面进行了网格剖分;利用 3 口地热井多次抽水试验资料建立了数值模拟模型;利用地热井动态监测资料对模型进行了识别和验证,确定了模型结构、水文地质参数。

在此基础上改变模型渗透系数、地热井井间距和拟布钻孔开采量,分析在不同条件下地热水流场的变化趋势,地热井井间干扰数值模拟结果表明:随着渗透系数的增大,ZK1井水位标高逐渐降低,说明含水介质的孔隙度越大,连通性越好,岩溶裂隙越发育,热储层的渗流条件越好,排水降压效果越好,对相邻井的干扰也会呈现逐渐增大的趋势,反之亦然;随着井间距的增大,拟布钻孔开采时所形成的降落漏斗对相邻井产生干扰程度呈现逐渐减小的趋势,反之亦然;随着开采量的增大,对相邻井产生干扰呈现无影响至逐渐增大的趋势。模拟结果进一步验证了各因素对井间干扰的影响。

5.4 井间干扰模拟预测

地热井井间距和开采量是影响井间干扰的重要因素,以观音峡背斜东翼静观片区为例,改变地热井的井间距和开采量,可以预测不同条件下地热水流场的变化。本次假定在研究区内增加一个钻孔,其开孔层位均为侏罗系中统上沙溪庙组(J_2s^2),终孔层位为三叠系下统嘉陵江组第一段(T_1j^1),当该井开采时,其余现有钻孔均不开采。拟定了4种开采方案,对拟定钻孔设置不同的井间距与开采量(表5.9),预测不同方案下研究区内地下水流场变化,从而判定新增井是否对现有ZK1井产生干扰,分述见5.4.1—5.4.4节。

表5.9　拟定的开采方案

方案编号	钻孔编号	与ZK1井间距/km	开采量/($m^3 \cdot d^{-1}$)
方案1	KC1	1	500
			1 000
方案2	KC2	2	1 000
			1 500
方案3	KC3	3	1 500
			2 000
方案4	KC4	5	1 500
			2 000
			2 500
			3 000

5.4.1 第一种开采方案

假定在距离ZK1井北东侧1 km处布置一个钻孔(KC1),预测在该井开采量为500 m^3/d、1 000 m^3/d两种情况下地下水流场的变化,结果如图5.20、图5.21所示,相互影响情况如图5.22、图5.23所示。

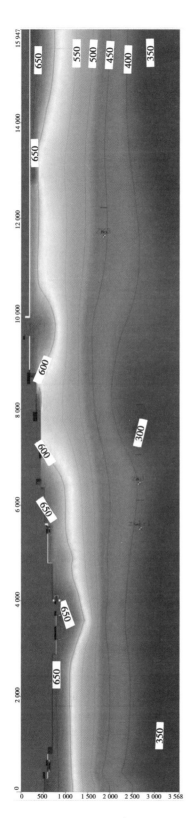

图 5.20　KC1 开采量 500 m³/d 时地下水流场

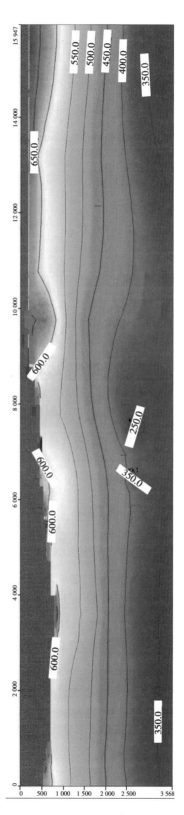

图 5.21　KC1 开采量 1 000 m³/d 时地下水流场

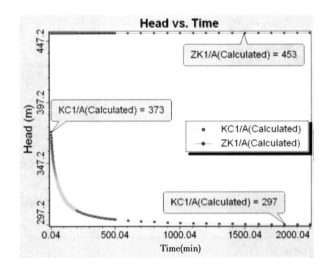

图 5.22 KC1 开采量 500 m^3/d 时对 ZK1 井影响

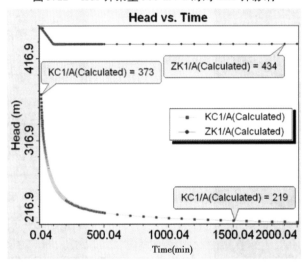

图 5.23 KC1 开采量 1 000 m^3/d 时对 ZK1 井影响

由图 5.20、图 5.22 可知,假定 KC1 开采量为 500 m^3/d,以 KC1 为中心会形成降落漏斗,约 8 h 后漏斗中心的水头大约会下降 76 m,ZK1 井周围地下水头未发生变化,水头始终维持在 +453 m 左右,即水位降深为零。因此,KC1 按 500 m^3/d 开采,对 ZK1 附近流场无影响。

由图 5.21、图 5.23 可知,假定 KC1 开采量为 1 000 m^3/d,以 KC1 为中心会形成降落漏斗,约 14 h 后漏斗中心的水头大约会下降 154 m,ZK1 井周围地下水头也发生变化,即以 ZK1 井为中心会形成降落漏斗,约 1.6 h 后漏斗中心的水头大约会下降 19 m。因此,KC1 按 1 000 m^3/d 开采,对 ZK1 井产生干扰。

5.4.2 第二种开采方案

假定在距离 ZK1 井北东侧 2 km 处布置一个钻孔(KC2),预测在该井开采量为 1 000 m^3/d、1 500 m^3/d 两种情况下地下水流场的变化,结果如图 5.24、图 5.25 所示,相互影响情况如图

5.26、图 5.27 所示。

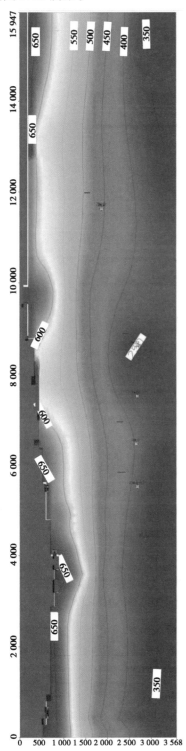

图 5.24　KC2 开采量 1 000 m³/d 时地下水流场

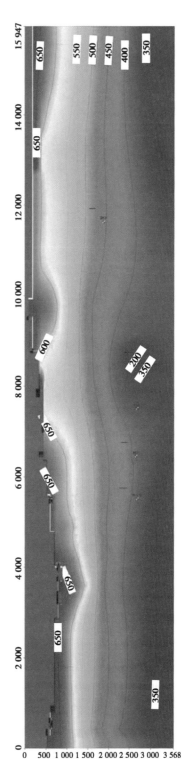

图 5.25　KC2 开采量 1 500 m³/d 时地下水流场

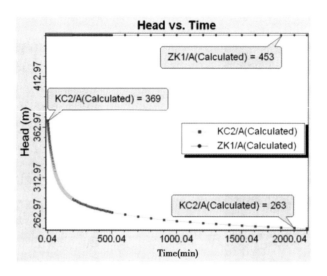

图 5.26 KC2 开采量 1 000 m³/d 时对 ZK1 井影响

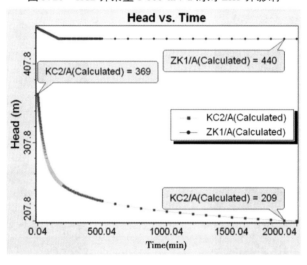

图 5.27 KC2 开采量 1 500 m³/d 时井对 ZK1 井影响

由图 5.24、图 5.26 可知,假定 KC2 设计开采量为 1 000 m³/d,以 KC2 为中心会形成降落漏斗,约 10 h 后漏斗中心的水头大约会下降 106 m,ZK1 井周围地下水头未发生变化,水头始终维持在 +453 m 左右,即水位降深为零。因为,KC2 按 1 000 m³/d 开采,对 ZK1 井附近流场无影响。

由图 5.25、图 5.27 可知,假定 KC2 设计开采量为 1 500 m³/d,以 KC2 为中心会形成降落漏斗,约 20 h 后漏斗中心的水头大约会下降 160 m,ZK1 井周围地下水头也发生变化,即以 ZK1 井为中心会形成降落漏斗,约 2.5 h 后漏斗中心的水头大约会下降 13 m。因此,KC2 按 1 500 m³/d 开采,对 ZK1 井产生干扰。

5.4.3 第三种开采方案

假定在距离 ZK1 井北东侧 3 km 处布置一个钻孔(KC3),预测在该井开采量为 1500 m³/d、

2 000 m³/d 两种情况下地下水流场的变化,结果如图 5.28、图 5.29 所示,相互影响情况如图 5.30、图 5.31 所示。

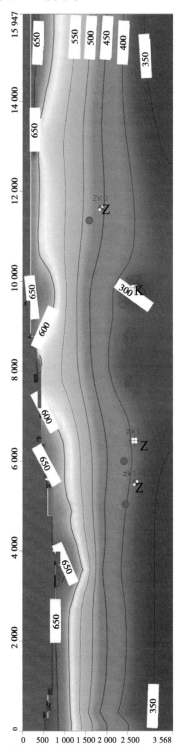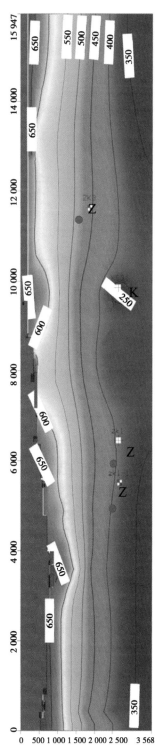

图 5.28　KC3 开采量 1 500 m³/d 时地下水流场　　图 5.29　KC3 开采量 2 000 m³/d 时地下水流场

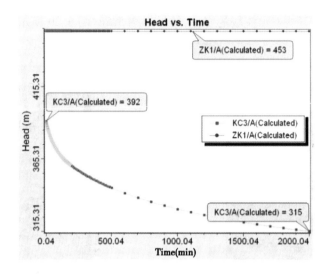

图 5.30 KC3 开采量 1 500 m³/d 时对 ZK1 井影响

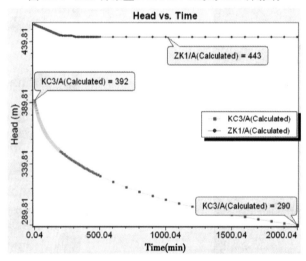

图 5.31 KC3 开采量 2 000 m³/d 时井对 ZK1 井影响

由图 5.28、图 5.30 可知,假定 KC3 设计开采量为 1 500 m³/d,以 KC3 为中心会形成降落漏斗,约 25 h 后漏斗中心的水头大约会下降 77 m,ZK1 井周围地下水头未发生变化,水头始终维持在 +453 m 左右,即水位降深为零。因此,KC3 按 1 500 m³/d 开采,对 ZK1 井附近流场无影响。

由图 5.29、图 5.31 可知,假定 KC3 设计开采量为 2 000 m³/d,以 KC3 为中心会形成降落漏斗,约 30 h 后漏斗中心的水头大约会下降 102 m,ZK1 井周围地下水头也发生变化,即以 ZK1 井为中心会形成降落漏斗,约 3 h 后漏斗中心的水头大约会下降 10 m。因此,KC3 按 2 000 m³/d 开采,对 ZK1 井产生干扰。

5.4.4 第四种开采方案

假定在距离 ZK1 号井北东侧 5 km 处布置一个钻孔(KC4),预测开采量在 1 500 m³/d、

2 000 m³/d、2 500 m³/d、3 000 m³/d 四种情况下地下水流场的变化,结果如图5.32—图5.35所示,相互影响情况如图5.36—图5.39 所示。

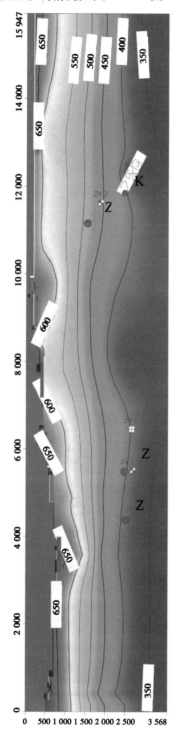

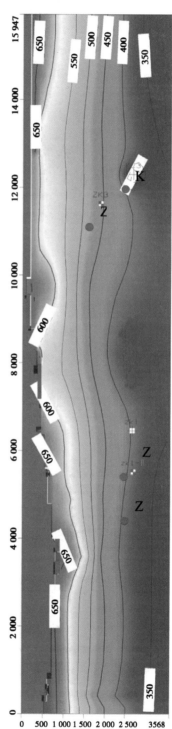

图 5.32　KC4 开采量 1 500 m³/d 时地下水流场　　图 5.33　KC4 开采量 2 000 m³/d 时地下水流场

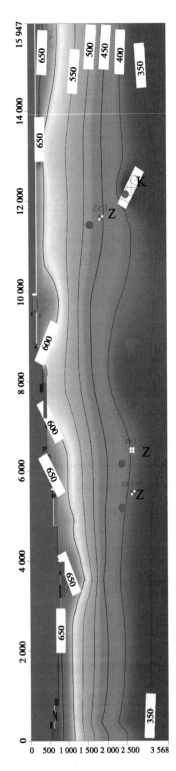

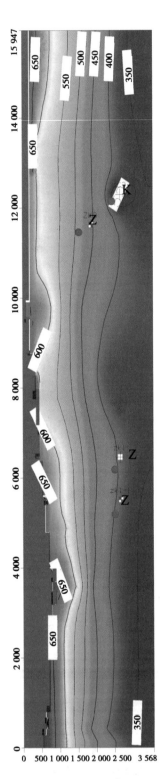

图 5.34　KC4 开采量 2 500 m³/d 时地下水流场　　图 5.35　KC4 开采量 3 000 m³/d 时地下水流场

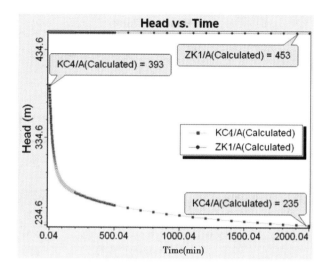

图 5.36　KC4 井抽水量 1 500 m³/d 时对 ZK1 井影响

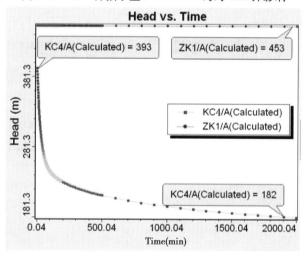

图 5.37　KC4 井抽水量 2 000 m³/d 时对 ZK1 井影响

由图 5.32、图 5.36 可知,假定 KC4 设计开采量为 1 500 m³/d,约 25 h 后以 KC4 为中心形成降落漏斗,漏斗中心的水头大约会下降 158 m,ZK1 井周围地下水头未发生变化,水头始终维持在 +453 m 左右,即水位降深为零。因此,KC4 按照 1 500 m³/d 进行开采,对 ZK1 井附近流场无影响。

由图 5.33、图 5.37 可知,假定 KC4 设计开采量为 2 000 m³/d,约 28 h 后以 KC4 为中心形成降落漏斗,漏斗中心的水头大约会下降 211 m,ZK1 井周围地下水头未发生变化,水头始终维持在 +453 m 左右,即水位降深为零。因此,KC4 按照 2 000 m³/d 进行开采,对 ZK1 井附近流场无影响。

由图 5.34、图 5.38 可知,假定 KC4 设计开采量为 2 500 m³/d,约 30 h 后以 KC4 为中心形成降落漏斗,漏斗中心的水头大约会下降 265 m,ZK1 井周围地下水头未发生变化,水头始终维持在 +453 m 左右,即水位降深为零。因此,KC4 按照 2 500 m³/d 进行开采,对 ZK1 井附近流场无影响。

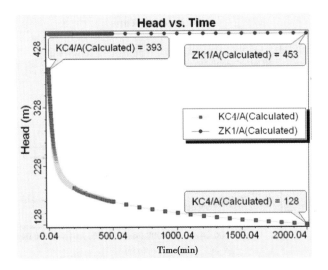

图 5.38　KC4 开采量 2 500 m^3/d 时对 ZK1 井影响

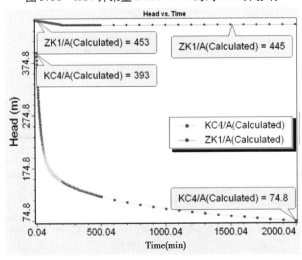

图 5.39　KC4 开采量 3 000 m^3/d 时对 ZK1 井影响

由图 5.35、图 5.39 可知,假定 KC4 设计开采量为 3 000 m^3/d,以 KC4 为中心会形成降落漏斗,约 31 h 后漏斗中心的水头大约会下降 318.2 m,ZK1 井地下水头也发生变化,即以 ZK1 井为中心会形成降落漏斗,约 3.5 h 后漏斗中心的水头大约会下降 8 m。因此,KC4 按 3 000 m^3/d 开采,对 ZK1 井产生干扰。

5.4.5　小　结

假定在静观片区增加一个钻孔,拟定了 4 种开采方案,井间距分别为 1 km、2 km、3 km、5 km,每种方案设置不同的开采量,预测不同方案下研究区内地下水流场变化,从而判定新增井是否对现有井产生干扰。

由预测结果可知(表 5.10),假定限定地热井开采量,同时增加地热井井间距,井间干扰可能性降低,如当拟定井额定开采量为 1 000 m^3/d 时,井间距为 1 km 时模拟结果为有影响,而井间距为 2 km 时模拟结果为无干扰;又如当拟定井额定开采量为 1 500 m³/d 时,井间距为 2 km 时模拟结果为有影响,而井间距为 3 km、5 km 时模拟结果为无干扰。

表 5.10 不同开采方案下模拟区地下水流场的变化

方案编号	钻孔编号	井间距/km	开采量/(m³·d⁻¹)	流场变化情况
方案 1	KC1	1	500	无变化
			1 000	有影响
方案 2	KC2	2	1 000	无变化
			1 500	有影响
方案 3	KC3	3	1 500	无变化
			2 000	有影响
方案 4	KC4	5	1 500	无变化
			2 000	无变化
			2 500	无变化
			3 000	有影响

假定限定地热井井间距,同时增大开采量,地热井井间干扰的可能性也会增加,如假定井间距为 2 km,拟定井开采量为 1 000 m³/d 时模拟结果为对相邻井无影响,而在开采量为 1 500 m³/d 时对模拟结果为相邻井有干扰;又如当井间距为 5 km 时,在开采量为 1 500 m³/d、2 000 m³/d、2 500 m³/d 时模拟结果为均对相邻井无影响,只有当开采量增至 3 000 m³/d 时才会对 ZK1 井产生干扰。

根据预测模拟结果,建议通过增大新增井与现有井的井间距或降低新增井的开采量来控制其降落漏斗影响范围,从而避免干扰。

5.5 典型背斜地热井间干扰现状及井间距建议

5.5.1 温塘峡背斜

温塘峡背斜构造属四川盆地东部高隆起背斜构造之一,该背斜北端与华蓥山大背斜相接(图 5.40),因此热储层中地下热水,除了受背斜轴部三叠系下统嘉陵江组(T_1j)和中统雷口坡组(T_2l)地层大面积出露区降水形成的浅层裂隙溶洞水的补给外,还接受华蓥山背斜轴部三叠系下统嘉陵江组(T_1j)和中统雷口坡组(T_2l)地层大面积出露区降水形成的浅层裂隙溶洞水的纵向补给,补给面积大,温塘峡背斜和华蓥山背斜部分的热储层在其露头区接受大气降水补给,通过岩溶管道及裂隙系统向下渗透形成浅层岩溶水,浅层岩溶水在地质构造、区域动水压力等因素的综合作用下,继续向下渗透,形成深层地下水,深层地下水主要受地温的影响,水温逐渐增高,从而形成了地热水。

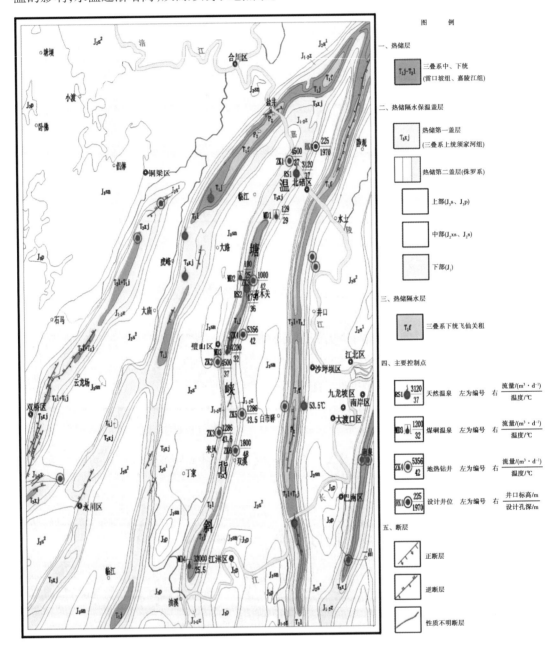

图 5.40 温塘峡背斜及周边地区地热水分布图

根据对温塘峡背斜已有地热水出露点的同位素测龄资料,其中北温泉、北碚澄江钻井、璧山金剑山钻井、大学城钻井的年龄分别为 8 168、8 950、10 799、11 077 年;年龄由北向南逐渐增大,表明地热水是由北向南径流,补给面积大,径流距离长。

温塘峡背斜深部地热水顺层作纵向径流过程中,在地表减压最大的地段,如江、河横向深切温塘峡背斜地段,地热水沿岩溶裂隙通道上升涌出地表形成天然温泉(如嘉陵江切割形成北温泉),或受人工揭露而排出地表形成钻井温泉,从而成为地热水的排泄点(图5.41)。

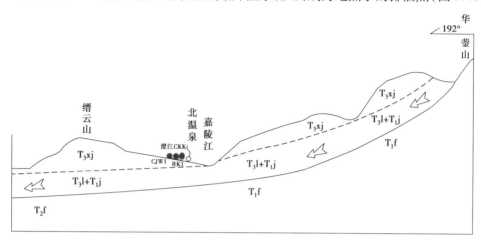

图5.41 温塘峡背斜北段地热水补给、径流、排泄示意图

温塘峡背斜目前有天然温泉2处,洞中温泉3处,地热浅钻井1处,深钻井14处。各钻井之间的直线距离为1.8~32 km,据各井详查评价报告、储量核实报告、动态监测报告等资料统计,各井最大降深影响半径为102~2 367 m,各井之间不存在相互影响(表5.11)。然而,背斜两翼地热井以往未严格按照规范开展过多井、群井抽(放)水试验,多数钻井仅是在主井抽(放)水时,观测一下邻井的水位,多数的结论均是无影响。事实上,各井多是同时在开采,在这个过程中,各井间是否存在干扰,尚待验证。

表5.11 温塘峡背斜各地热水井影响半径与干扰情况统计表

	地热水井名称		最大降深产水量/(m³·d⁻¹)	最大降深影响半径/m	毗邻地热水井名	直线距离/km	干扰情况
西翼	ZK1	澄江 RK1	5 538	748	(南)澄江 ZK1	2.21	无干扰
	ZK2	澄江 ZK1	5 957.45	1 551.95	(北)澄江 RK1	2.21	无干扰
					(南)金剑山	32	
	ZK3	金剑山	6 646	2 367	(北)澄江 ZK1	32	无干扰
					(南)璧泉	1.8	
	ZK4	璧泉	7 256	2 056	(北)金剑山	1.8	无干扰
					(南)华龙街道 ZK1 井	1.95	
	ZK5	华龙街道 ZK1 井	3 091	1 358	(北)璧泉	1.95	无干扰
					(南)白云湖	8.90	
	ZK6	白云湖	1 227	198.22	(北)华龙街道 ZK1 井	8.90	无干扰

续表

地热水井名称		最大降深产水量/(m³·d⁻¹)	最大降深影响半径/m	毗邻地热水井名	直线距离/km	干扰情况
	ZK7	三汇	1 900	1 084	（南）土场ZK1井	27	无干扰
东翼	ZK8	土场ZK1井	1 813	1 372	（北）三汇	27	无干扰
					（南）海宇	24.5	
	ZK9	海宇	1 200	857	（北）土场ZK1井	24.5	无干扰
					（南）青木关	16.8	
	J1	青木关	1 154	199	（北）海宇	16.8	无干扰
					（南）大学城（虎溪）	7.5	
	ZK10	大学城（虎溪）	4 866	1 925	（北）青木关	7.5	无干扰
					（南）莲花湖	8.2	
	ZK11	莲花湖	1 440	856	（北）大学城	8.2	无干扰
					（南）海兰云天	3.8	
	ZK12	海兰云天	1 158	102	（北）莲花湖	3.8	无干扰
					（南）上邦高尔夫	4	
	ZK13	上邦高尔夫	1 551	497	（北）海兰云天	4	无干扰
					（南）双福	9.6	
	ZK14	双福	1 500	428	（北）上邦高尔夫	9.6	无干扰

据近年来各井的储量核实报告、动态监测报告等资料统计，不少钻井出水量较开发之初均有不同程度的衰减，如青木关钻井1997年4月在降深6.5 m时出水量为1 655 m³/d，而2015年3月在降深5.08 m时出水量为1 154 m³/d；海兰云天地热井2004年2月静止水位为+39 m，2016年1月静止水位降至+9.5 m，水温水量也均有减小（表5.12）。这一方面是因为背斜两翼地热田的地热水补给量小于开采量或补给速率小于开采速率，导致现有地热资源储量下降；另一方面，背斜轴部有多条隧道通过，穿越热储层，影响了地热水的补给与循环条件，导致钻井出水量减少。

表5.12 海兰云天地热井历次放水试验成果汇总表

日期与水期	静水位水头高/m	最大水位降低/m	井口涌水量/(m³·d⁻¹)	水温/℃
2003.8（丰水期）	+39.5	30	1 516.3	46
2003.11（平水期）	+41	31	1 580.3	46
2004.2（枯水期）	+39	30	1 494.7	46
		39	1 946.5	46

日期与水期	静水位水头高/m	最大水位降低/m	井口涌水量/(m³·d⁻¹)	水温/℃
2010.11(平水期)	+10	10	1 229.8	42
2016.1(枯水期)	+9.50	9.50	1 157.52	39.5

温塘峡背斜虽全长105 km,但两翼已分布了15口地热井,现有资料虽表明各井之间无干扰,但各井水量近年来均有不同程度的衰减已成事实,因此,再布井需慎重考虑。温塘峡背斜与其他构造的交汇部位主要是指华蓥山一带,主要为区域地热水补给区,地热水不富集,不建议在该区布井;在热储裸露泄流区,主要有北温泉及青木关温泉,且都已开发利用,考虑到该区地热水富集条件好,但水力联系紧密,不建议该区再打地热井;在单体产出的热储分布区,仅在背斜西翼澄江ZK1井与金剑山温泉之间、背斜南段两翼可布设少量地热井,考虑到金剑山温泉最大降深产水量为6 646 m³/d、对应影响半径已达2 367 m,井间距越小,产生干扰的可能性越大,因此新定地热井与原有地热井井间距应大于5 km(略大于2 367 m的两倍)。

5.5.2 观音峡背斜

观音峡背斜属于华蓥山地热田中的一个热储构造单元(图5.42),因嘉陵江和长江横穿背斜轴部,将背斜自然分成三段(图5.43),区域内地热水主要补给来源为热储层(即嘉陵江组、雷口坡组碳酸盐岩)露头区的浅层岩溶地下水,而浅层岩溶地下水则是大气降水或地表水体通过表层裂隙和溶孔、溶隙及洼地、槽谷中的落水洞、溶蚀漏斗、暗河入口等入渗地下所形成的,并由高向低作纵、横向运移。根据研究区内地形地貌条件和热储层在地表的分布状况分析,浅层岩溶地下水受大气降水补给的面积,除热储构造及其北延地区(如华蓥山大背斜两翼)热储层的出露范围外,两侧地表分水岭以内的部分须家河组和飞仙关组地层分布区的降水,也向槽谷或洼地中汇集,并渗入浅层岩溶管网,继续向热储层深部渗透,故其浅层岩溶地下水的补给条件优越,水量丰富,为地热水的富集提供了充足的补给水源。

背斜轴区标高介于600~1 000 m,总体是北东高、南西低,地热水的径流方向也大致呈北东-南西向(图5.43)。根据浅层岩溶地下水多呈"之"形沿两组主要裂隙迂回曲折,且多跌水、深潭和常见虹吸现象等特点,以及对深井热储涌水区段的分布和出水状况分析,虽深层溶蚀管网比较复杂,但成层性却十分明显,其间可能存在具调节功能的储水空间(深潭和大型溶洞),由此可见热储中各涌水区段的径流通道(溶蚀管网)相对比较独立,相互之间的水力联系十分微弱。

总之,观音峡背斜地热水系浅层岩溶地下水沿裂隙和溶孔、溶隙下渗至一定深度后,经深部循环运移而储集,且水温高,水压力大,除在地表减压部位上涌形成天然温泉外,多处于半封闭状态做缓慢的循环径流,故在隧洞或深井钻探揭穿地热管网时,因地热水中蓄积压力得以释放而上涌或直接涌出地表形成人工温泉。

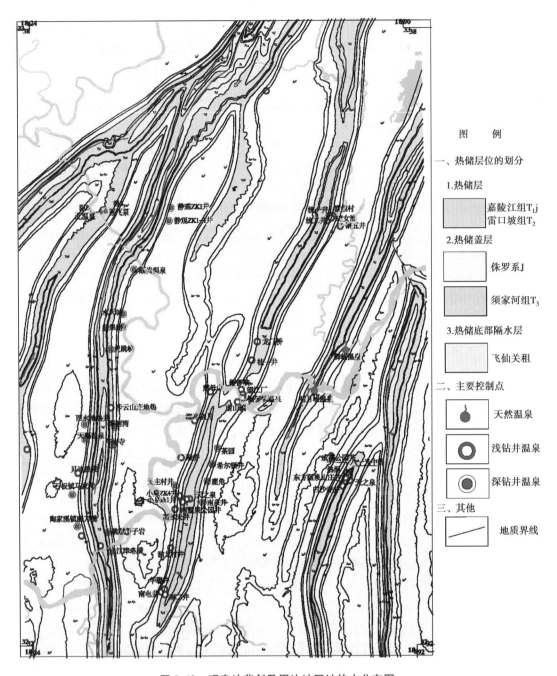

图 5.42　观音峡背斜及周边地区地热水分布图

图例

一、热储层位的划分

1.热储层

嘉陵江组T₁j
雷口坡组T₂

2.热储盖层

侏罗系J

须家河组T₃

3.热储底部隔水层

飞仙关租

二、主要控制点

天然温泉

浅钻井温泉

深钻井温泉

三、其他

地质界线

观音峡背斜目前有天然温泉、洞中温泉共 4 处,地热浅钻井 1 处,深钻井 17 处。各钻井之间直线距离为 0.6~32 km,据各井详查评价报告、储量核实报告、动态监测报告等资料统计,除静观 ZK1 井与 ZK1-1 井曾相互影响、个别钻井未观测外,多数钻井之间不存在相互影响(表 5.13)。2012 年,对静观 ZK1-1 井进行三次抽水试验,并对静观 ZK1 井进行了同步观测,在第一、二次抽水时,静观 ZK1 井压力下降 0.4 MPa,在对 ZK1-1 井进行第三次试抽水时,连续观测 21 h,ZK1 井压力无变化,推测岩溶管道可能被堵塞。2017 年 5 月,在静观片区针对 ZK1 井、ZK1-1 井及 ZK3 井做了干扰放水试验,发现各井水量、水位都有不同程度的衰减,且各井之间不存在相互影响,其中静观 ZK1 井井口压力由 2010 年的 1.33 MPa 减少到目前的 0.775 MPa,水量略有减小;静观 ZK1-1 井井口压力由 2012 年的 0.47 MPa 减少到目前的 0.187 MPa,水量略有减小;静观 ZK3 井井口涌水量由 2016 年 11 月的 3 726 m³/d 下降至目前的 736 m³/d,水位略有降低,水温下降了 2 ℃。

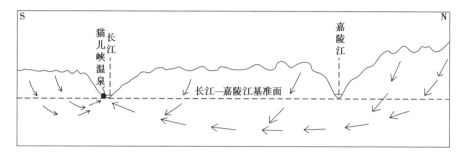

图 5.43　观音峡背斜岩溶水纵向补给地热水示意图

表 5.13　观音峡背斜各地热水井影响半径与干扰情况统计表

地热水井名称			最大降深产水量/(m³·d⁻¹)	最大降深影响半径/m	毗邻地热水井名	直线距离/km	干扰情况
西翼	ZK15	西永镇	2 552.27	749.00	(南)-天赐 2 号	9.5	无干扰
	ZK16	天赐 2 号	1 740	—	(北)-西永镇	9.5	无干扰
					(南)-天赐温泉	0.6	未观测
	ZK17	天赐温泉	1 320.19	187.80	(北)-天赐 2 号	9.5	无干扰
					(南)-贝迪温泉	3.85	
	ZK18	贝迪温泉	6 034.95	1 404.3	(北)-天赐温泉	3.85	无干扰
					(南)-石板镇	5	
	ZK19	马家沟	2 706.50	437.8	(北)-贝迪温泉	5	无干扰
					(南)-石板镇	0.6	
	ZK20	石板镇	2 664	—	(北东)-马家沟	0.6	无干扰
					(南)-陶家镇	6	
	ZK21	陶家镇	2 427.80	891.80	(北)-石板镇	6	无干扰
东翼	ZK22	静观 ZK3	3 849	542	(南)静观 ZK1	5.3	无干扰
	ZK23	静观 ZK1	474.47	356.6	(南)-静观 ZK1-1	0.9	有干扰
					(北)-静观 ZK3	5.3	
	ZK24	静观 ZK1-1	507	446	(南)-颐尚温泉	17	有干扰
					(北)-静观 ZK1	0.9	

续表

地热水井名称		最大降深产水量/(m³·d⁻¹)	最大降深影响半径/m	毗邻地热水井名	直线距离/km	干扰情况
东翼	ZK25 颐尚温泉	1 827.36	356.31	（南）-水天城	7.2	无干扰
				（北）-静观镇 ZK1	17	
	ZK26 水天城	292.45	271.69	（南）-中安翡翠湖	2.7	无干扰
				（北）-颐尚温泉	7.2	
	ZK27 中安翡翠湖	2 484.00	213.20	（南）-步云山庄	13.5	无干扰
				（北）-水天城	2.7	
	J2 步云山庄	546.57	246.91	（南）-梨树湾	2.8	无干扰
				（北）-中安翡翠湖	13.5	
	ZK28 梨树湾	6 023.81	694.60	（南）-华岩	7.2	无干扰
				（北）-步云山庄	2.8	
	ZK29 华岩	1 249.20	596.70	（南）-小南海	11.6	无干扰
				（北）-梨树湾	7.2	
	ZK30 小南海	1 244.80	568.40	（南）-珞璜镇	3	无干扰
				（北）-华岩	11.6	
	ZK31 珞璜镇	1 529.28	396.03	（北）小南海	3	无干扰

背斜两翼地热井以往也未严格按照规范开展过多井、群井抽（放）水试验，多数钻井仅是在主井抽（放）水时，观测一下邻井的水位，多数的结论均是无影响，事实上，各井多是同时开采，在这个过程中，各井间是否存在干扰，尚待验证。另外，部分钻井因属于同一业主或者部分钻井因长期无人开发，不存在干扰纠纷，未做观测。

据近年来各井的储量核实报告、动态监测报告等资料统计，不少钻井出水量较开发之初均有不同程度的衰减，如据本次抽水试验，静观片区地热井水量、水位均有衰减；水天花园地热井因须家河组未完全固井，水量也由 2002 年的 510 m³/d 衰减至 2015 年的 176 m³/d；梨树湾地热井因隧道开挖水量大幅减少。与温塘峡背斜类似，观音峡背斜同样存在地热水补给量小于开采量、人类工程活动强烈等现象。

观音峡背斜全长 112 km，两翼已分布了 18 口地热井，地热井影响半径为 187.80 ～ 1 404.3 m，除静观片区两口井存在干扰外，其余均不相互影响，但不少钻井水量近年来均有不同程度的衰减。因此，观音峡背斜与其他构造的交汇部位因地热水不富集，不建议布井；背斜轴部热储裸露泄流区，裂隙发育，热储含水层连通性好，但背斜轴部隧道工程较多，且已有隧道严重影响地热水水量、水温的先例，不建议再布井；在单体产出的热储分布区，仅能在背斜北段(嘉陵江以北)、背斜南段两翼(长江以南)可布设少量地热井,其井间距理论上大于目前背斜两翼已有钻井最大影响半径(1 403.3 m)的两倍,即约大于 3 km。但背斜北段东翼已有 3 口地热井,静观 ZK1 井与 ZK1-1 井存在相互影响,静观 ZK3 井目前水量大幅衰减,根据 Visual MODFLOW 模拟预测情况,当新增井与 ZK1 井间距为 5 km、开采量为 3 000 m³/d 时,将会影响 ZK1 井水位,为保护该区的地热水资源,建议背斜北段地热井井间距大于5 km。同时,还应限制开采量。背斜南段目前仅有江津珞璜 1 口地热井,其出水量为1 529.28 m³/d 时,影响半径为 396.03 m,因此,以目前背斜两翼已有钻井最大影响半径(1 403.3 m)的两倍(约 3 km)作为井间距限定条件,建议井间距大于 3 km。

另外,考虑到背斜两翼不少地热井成功实施后一直未开发利用,建议布置钻井时谨慎考虑,避免资金浪费。

5.5.3　铜锣峡背斜

根据区域资料,铜锣峡背斜轴部有大面积的碳酸盐岩出露(图 5.44),岩溶及裂隙均较发育,使地下深处的热源增温层与浅部地层中的岩溶管道紧密联系起来,相互沟通,形成热传递通道。深部热能即以热传导、对流等方式沿断裂、构造裂隙上升,形成较周围地区高的地温异常带。断裂、构造裂隙的存在为地热田的形成创造了热传递通道,而热储层中裂隙网络的发育又是地热田热传递通道不可缺少的重要条件。研究表明,地热水主要由大气降水补给浅层岩溶地下水,部分浅层岩溶水沿层间裂隙、构造裂隙,在水头压力作用下渗至地下深部,经深部循环增温所致。

铜锣峡背斜系高隆起的开启型线状背斜,自北北东至南南西延伸全长约 182 km,在重庆地域长达 50 km,地热水的补给主要来自背斜轴部热储层($T_1j + T_2l$)裸露区接受大气降水。铜锣峡背斜自身"高位"岩溶槽谷是地热水的主要补给区,在接受大气降水补给形成浅层岩溶地下水后,其中部分地下水在构造、区域动力压力的作用下在热储层中沿层间裂隙,作横向下渗至地下深部与来至主要补给区作纵向深循环运动的地热水"汇合"共同补给"热水库"。因研究区内铜锣峡背斜"高位"岩溶槽谷具有单槽特点,其地下水分别向背斜两翼"热水库"补给(图 5.45)。根据铜锣峡背斜、南温泉背斜两翼温泉同位素测龄资料统计,铜锣峡背斜至南温泉背斜中储藏地热水的年龄具有由北往南逐渐增大的特点,即地热水有由北向南作纵向径流的规律。

地热水在纵向运动过程中,常在构造转折端、构造鞍部所开启的"减压天窗"地段,尤其是在河流深切峡谷地段泄流,如铜锣峡温泉(长江)、统景温泉(温塘河)和响水凼温泉(御临河)等(图 5.46)。

铜锣峡背斜目前有天然温泉、洞中温泉共 5 处,地热浅钻井 5 处,深钻井 5 处。各钻井之间的直线距离为 0.2 ~ 1.8 km(表 5.14)。据各井详查评价报告、储量核实报告、动态监测报告等资料统计,在背斜轴部热储裸露泄流区(统景风景区附近),天然气钻井(铜五井)对统景温泉、统景 ZJ1 井均有影响,统景 ZJ2 井对 RK1 井有影响,后关闭了铜五井、ZJ2 井和RK1 井。

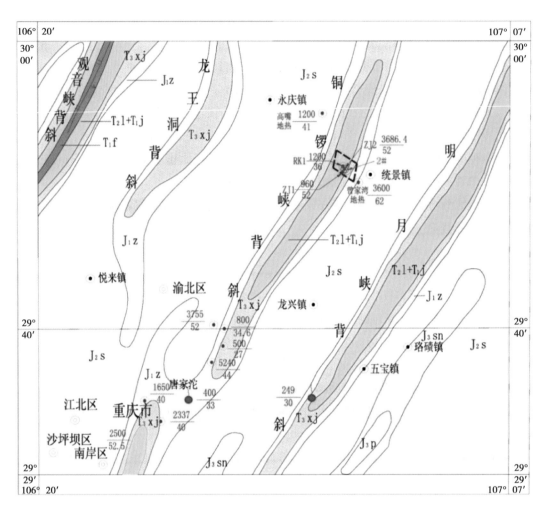

比例尺 1:500 000

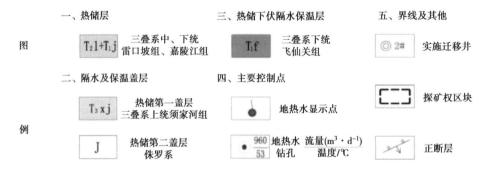

图 5.44　铜锣峡背斜及周边地热地质略图

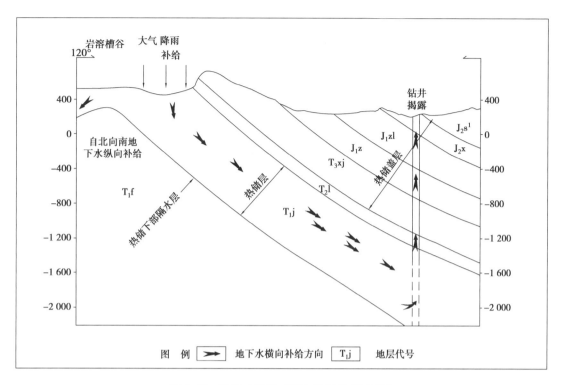

图 5.45　地热水补给、径流、排泄关系示意图

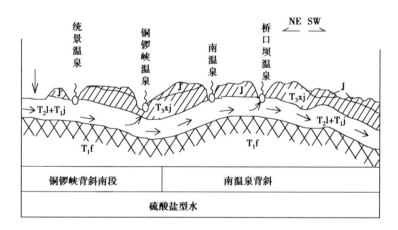

图 5.46　铜锣峡热水库—南温泉热水库地热水纵向补给、径流、排泄剖面示意图

表 5.14　铜锣峡背斜各地热水井影响半径与干扰情况统计表

地热水井名称			最大降深产水量 /(m³·d⁻¹)	最大降深影响半径 /m	毗邻地热水井名	直线距离 /km	干扰情况
西翼	ZK32	龙门桥 1#	880	103.6	(东南)-龙门桥 2#	0.95	无干扰
	ZK33	龙门桥 2#	3 755	1 205	(西北)-龙门桥 1#	0.95	无干扰
					(南)-玉峰山	1.7	
	ZK34	玉峰山(龙景)	1 000	360.5	(北)-龙门桥 2#	1.7	无干扰
					(南)-桂一井	1.4	
	ZK35	桂一井	2 556	892	(北)-玉峰山	1.4	无干扰
东翼	J3	统景 ZJ1 井	1 191	166.55	(南)-统景 2 号迁移井	0.2	未观测
	J4	统景 2 号迁移井	6 625	755	(北)-统景 ZJ1 井	0.2	无干扰
					(南)-统景 ZK2 井	1.8	
	ZK36	统景 ZK2 井	4 900	625	(北)-统景 2 号迁移井	1.8	无干扰
倾没端	J5	铜锣峡	1 560.5	1 010.6	(东南)-望江	0.75	有干扰
					(南)-南山	1.2	
	J6	望江	2 000	731	(西北)-铜锣峡	0.75	有干扰
					(西南)-南山	0.79	
	J7	南山	2 462	—	(东北)-铜锣峡	1.2	有干扰
					(东北)-望江	0.79	

背斜南部构造转折端裂隙发育,地热水富集,铜锣峡、望江、南山浅钻井也存在相互干扰现象,后均降低了允许开采量。

2013 年实施的统景 ZK2 井虽与统景温泉距离较近,但未发现有相互影响现象。2015 年实施的统景 2#迁移井也与 ZK2 井无相互影响。由于同属一个业主,因此未对 2#迁移井与统景温泉内其他钻井干扰情况进行观测。

铜锣峡背斜在研究区内全长 50 km,最大降深影响半径 103.6~1 205 m,除统景风景区周边及背斜南段地热井分布较为集中外,背斜两翼无地热井,虽然在背斜轴部热储裸露泄流区、铜锣峡背斜与南温泉背斜交汇部位地热水较富集,但考虑到以往铜五井等对统景温泉的影响,以及统景温泉风景区目前开采量较大(约 6 000 m³/d),铜锣峡温泉井等相互干扰等问题,建议统景景区周边 5 km 范围内不部署地热井;铜锣峡背斜与南温泉背斜交汇部位不再布置地热井;其余地区地热井井间距以目前背斜两翼已有钻井最大影响半径(1 205 m)的两倍作为井间距限定条件,建议井间距大于 3 km。

5.5.4 南温泉背斜

已有资料表明,南温泉背斜地热水具有接受大气降水补给、深部纵向径流、河谷深切地段排泄的特点。

南温泉背斜热储层中地下热水,主要受背斜轴部三叠系下统嘉陵江组(T_1j)和中统雷口坡组(T_2l)地层大面积出露区降水形成的浅层裂隙溶洞水的纵向补给(横向补给有限),经深部循环加热而成(图5.47)。

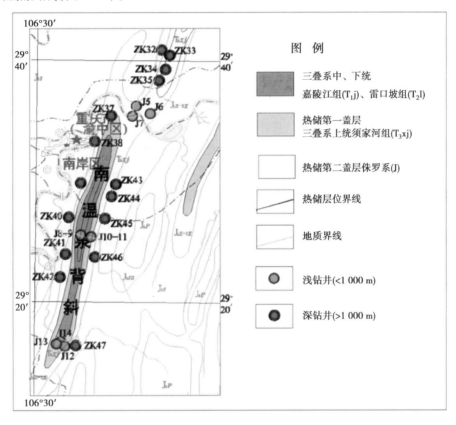

图5.47 南温泉背斜地热地质示意图

南温泉背斜"高位"岩溶槽谷中,热储层在地表出露宽缓,其间溶洞、落水洞等岩溶十分发育,呈串珠状分布,地下暗河也比较发育,加之两侧须家河组砂岩高耸,大气降水易向岩溶槽谷中汇集向热储层入渗,补给条件十分丰富,热储层出露区在接受大气降水补给形成浅层地下水后,其中一部分地下水在区域构造和动水压力作用下,向地层深部下渗并不断增温而补给"热水库"(图5.48)。南温泉背斜北段、南段背斜轴部飞仙关组地层尚未出露,呈单槽特征,地下水分别向背斜两翼"热水库"补给;中段受飞仙关组岩层阻隔,岩溶槽谷具有双槽特征,地下水向自身一侧的"热水库"补给。

同位素测龄资料表明南温泉背斜热储构造的地热水补给、径流方向也是由北向南(即北部隆起端向南部倾没端)运动的。区内地热水在深部径流循环过程中,明显局限在嘉陵江组热储层中,并受背斜构造的制约,在构造转折端、构造鞍部所开启的"减压天窗"地段(尤其是在河流深切峡谷地段)泄流,即南温泉背斜中段的南温泉(花溪河)和南端的桥口坝温泉(箭滩河)。

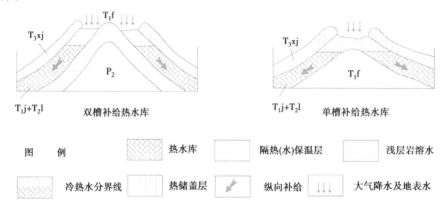

图 5.48　槽谷岩溶水补给地热水关系图

南温泉背斜目前有天然温泉 3 处,地热浅钻井 7 处,深钻井 11 处(图 5.47)。各钻井之间直线距离为 0.1~6.5 km(表 5.15)。据各井详查评价报告、储量核实报告、动态监测报告等资料统计,在背斜轴部热储裸露泄流区,小泉 1 号与 4 号井,南温泉 2 号井与天之泉,背斜南端南二井、南电井、华馨井因距离较近,均相互影响;另外,南二井与南温泉虽相距 16 km,但南二井在施工过程中,揭露了流量巨大(达 23 000 m³/d)的地下热水,造成南温泉流量大幅减少,便做了封井处理;其余钻井资料显示相互不影响,但考虑到各钻井也未严格按照规范开展过多井、群井抽(放)水试验,其结论未必完全可信。

表 5.15　南温泉背斜各地热水井影响半径与干扰情况统计表

地热水井名称			最大降深产水量 /(m³·d⁻¹)	最大降深影响半径 /m	毗邻地热水井名	直线距离 /km	干扰情况
西翼	ZK37	慈母山	1 720	—	(南)-海棠晓月	6.5	无干扰
	ZK38	海棠晓月	2 556	—	(北)-慈母山	6.5	无干扰
					(南)-融侨	5.5	
	ZK39	融侨	2 208	—	(北)-海棠晓月	5.5	无干扰
					(南)-东方宾馆	5	
	ZK40	东方宾馆	1 919	936.13	(北)-融侨	5	无干扰
					(南)-小泉	3	
西翼	J8	小泉 1 号井	1 487.81	132.45	(北)-东方宾馆	3	有干扰
					(东)-小泉 4 号井	0.1	
	J9	小泉 4 号井	1 823.90	148.73	(西)-小泉 1 号井	0.1	有干扰
					(南)-国际高尔夫	4	

	地热水井名称		最大降深产水量/(m³·d⁻¹)	最大降深影响半径/m	毗邻地热水井名	直线距离/km	干扰情况
西翼	ZK41	国际高尔夫	1 271.81	—	(北)-小泉	4	无干扰
					(南)-道角	3	
	ZK42	道角	3 233	—	(北)-国际高尔夫	3	无干扰
东翼	ZK43	茶园	1 890	—	(南)-庆隆	3.2	无干扰
	ZK44	庆隆(希尔顿)	1 800	—	(北)-茶园	3.2	无干扰
					(南)-鹿角	3.8	
	ZK45	鹿角	1 684.80	372.60	(北)-庆隆	3.8	无干扰
					(南)-天之泉	3.5	
	J10	天之泉	1 515	—	(北)-鹿角	3.5	无干扰
					(南)-南温泉 2 号井	0.27	有干扰
	J11	南温泉2 号井	1 100	204.21	(北)-天之泉	0.27	有干扰
					(南)-南泉 ZK1 井	3.2	无干扰
	ZK46	南泉 ZK1 井	2 354.4	134	(北)-南温泉 2 号井	3.2	无干扰
					(南)-一品	12.5	
	ZK47	一品	1 920	—	(北)-南泉 ZK1	12.5	无干扰
					(西)-南二井	2.3	
	J12	南二井	2 777.33	254.97	(东)-一品	2.3	有干扰
					(西南)-南电井	0.2	
	J13	南电井	480	34.6	(东北)-南二井	0.2	有干扰
					(东北)-华馨井	0.25	
	J14	华馨井	193	58.4	(西南)-南电井	0.25	有干扰
					(东南)-南二井	0.1	

　　南温泉背斜全长 50 km,两翼已分布了 18 口地热井,另外有 3 处天然温泉,是研究区内地热钻井分布密度最大的构造,尽管已收集到的各井最大降深影响半径均小于 1 km,且该背斜地热水富集条件较好,但两翼地热水开发力度较大,井间距已较小,在南温泉片区及桥口坝片区均存在井间干扰,为保护该区地热水资源,不建议在该背斜继续布井。

5.5.5 桃子荡背斜

　　桃子荡背斜目前有 7 口浅地热井,均集中分布在背斜北端五布河两岸背斜轴部热储裸露泄流区,各井间距为 0.15～1.5 km(表 5.16),已有资料显示目前各井之间不存在相互干扰,但由于该区地热井开发程度高,未严格按照规范开展过多井、群井抽(放)水试验,其结论并不可信。

表 5.16 桃子荡背斜各地热水井影响半径与干扰情况统计表

地热水井名称			最大降深产水量 /($m^3 \cdot d^{-1}$)	最大降深影响 半径/m	毗邻地热井间距 /km	干扰情况
西翼	J15	热洞	6 037	—	各井分布较为集中,间距为 0.15～1.5 km	不详
	J16	RK1	1 369	383.9		
东翼	J17	东温泉山庄	2 389	—		
	J18	光中	648	—		
	J19	天之泉	3 542.66	255.51		
	J20	成德	3 025	—		
	J21	白沙寺	312	—		

桃子荡背斜东泉镇以南地区并无地热井,可考虑在中部、南部背斜轴部及两翼,由于背斜中部、南部无地热显示,且无深部岩溶发育资料,仅根据其他热储构造现有钻井及本次研究结论,初步建议热储裸露泄流区井间距大于 5 km,背斜两翼单体产出的热储分布区井间距大于 3 km,若该区有新实施地热井,可根据该地热井深部岩溶发育情况和最大降深影响半径等调整该区井间距建议。

5.5.6 小 结

1)干扰现状

已有资料显示,目前温塘峡背斜两翼地热井无干扰;观音峡背斜仅静观片区抽水时存在过干扰(2012 年,对静观 ZK1-1 井进行三次抽水试验,并对静观 ZK1 井进行了同步观测,在第一、二次抽水时,静观 ZK1 井压力下降 0.4 MPa),其余地热井无干扰;铜锣峡背斜统景风景区附近及南部倾没端钻井之间有干扰,统景风景区附近天然气钻井(铜五井)对统景温泉、统景 ZJ1 井均有影响,统景 ZJ2 井对 RK1 井有影响,后关闭了铜五井、ZJ2 井、RK1 井,背斜南部铜锣峡、望江、南山浅钻井也存在相互干扰现象,后均降低了允许开采量;南温泉背斜中小泉 1 号与 4 号井,南温泉 2 号井与天之泉,背斜南端南二井、南电井、华馨井因距离较近,均相互影响;桃子荡背斜地热井尚未发现井间干扰。

总之,研究区内背斜轴部热储裸露泄流区及背斜交汇地热水富集区的地热井易存在干扰,背斜翼部单体产出的热储分布区的地热井干扰情况相对较少;各热储构造内地热井存在干扰者深井(承压井)较少,浅井(潜水井)较多;地热井间也并非距离越近,相互影响就越强烈,这与地热水含水层岩溶发育程度关系密切。

据近年来各背斜地热井的储量核实报告、动态监测报告等资料统计,不少钻井出水量较开发之初均有不同程度的衰减,这一方面是因为背斜两翼地热田的地热水补给量小于开采量或补给速率小于开采速率,导致现有地热资源储量下降;另一方面,背斜轴部有多条隧道穿越热储层,影响了地热水的补给与循环条件,导致钻井出水量减少。

2)井间距建议

根据各热储构造地热地质特征、现有地热井最大影响半径、井间干扰现状及井间干扰影响因素,结合两翼地热水多年动态变化及开发利用状况,给出了新增地热井与原有地热井井间距建议:温塘峡背斜仅在背斜西翼澄江 ZK1 井与金剑山温泉之间、背斜南段两翼可布设少量地热井,井间距应大于 5 km;观音峡背斜仅在背斜北段(嘉陵江以北)、背斜南段两翼(长江以南)可布设少量地热井,北段地热井井间距大于 5 km,同时开采量应小于 3 000 m³/d,南段建议井间距大于 3 km;铜锣峡背斜建议统景景区周边 5 km 范围内不部署地热井,其余地区建议井间距大于 3 km;南温泉背斜不建议继续布井;桃子荡背斜可考虑在背斜中、南段两翼合适部位适当布井,井间距大于 3 km。这将为制定重庆市地热资源勘查规范等相关技术要求提供参考,如各背斜建议的可布井区块可作为潜在勘查区,不建议再布井的背斜(南温泉背斜)可作为禁止勘查区;各背斜建议的井间距可作为地热资源勘查中新增井与相邻地热井间距的限制。

针对现有地热井未充分开展干扰抽(放)水试验的问题,建议在制定重庆市地热资源勘查等相关技术规范时,加强对多井、群井抽水试验的要求,以确保勘查结论的可靠性。

6 地热水资源勘查方法

地热水资源勘查主要是为了查明某一区域（地块）的地热水资源而进行的一系列地质工作，包括资料收集、航片解译、地质调查、工程测量、地球化学勘查、地球物理勘查、地热钻探、地热井动态长期监测、地热资源勘查风险评价方法等手段。

地热水资源勘查技术路线如图6.1所示。

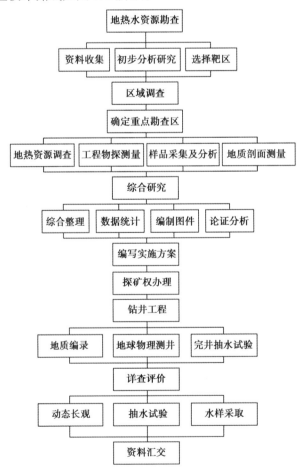

图6.1 地热水资源勘查技术路线图

6.1　资料收集

地热水的埋藏分布基本上与区域地层、岩性和构造有关,广泛收集基础地质资料特别是已有深井资料非常必要。收集工作区基础地质资料,包括1:20万区域地质及区域水文地质资料、1:5万区域地质图及说明书、重点勘查区的1:1万地形图、天然温泉的调查资料;工作区的多年平均降雨量图、有关的区域定位资料等相关地质、水文地质、地热地质资料、水文气象资料、区域规划资料。收集工作区已有深井资料;已有石油钻井、煤田勘查、天然气、页岩气等钻井资料;已有的地热钻井资料。通过对这些资料的整理分析,进而确定地热勘查区块所处地质构造部位、基底埋藏深度、地层岩性特征、地热水存储和运移特征、热储盖层、隔水层特征等,为下一步勘查工作部署奠定基础。

6.2　航片解译

收集工作区最新航卫片资料,通过航卫片解译,可以判断地热勘查区域地质构造基本特征,地热田及其相邻地区地面泉点、泉群、地热溢出带及地表热显示的位置,地表的水热蚀变带分布范围,还可能判断出隐伏构造。特别是在其他地质资料较少的情况下,可以为我们提供区域内构造走势方面的基础信息,为地热田地面地质调查提供依据和工作方向。

6.3　地质调查

1)地热地质调查

收集1:5万地热地质调查成果资料,1:5万地热地质图图幅范围应包含完整的背斜构造,即两翼应跨过向斜轴部;在分析研究1:5万调查成果资料的基础上确定重点调查区,开展1:1万地热地质调查,调查范围应包含完整的热储构造,即热储盖层、热储层,下部隔水层(若出露),调查精度应达到8~12点/km^2。

地质填图采用穿越法为主,辅以追索法进行水文地质测绘,重点调查断层构造带、裂隙发育带、水文地质点、岩溶点、地貌点、地热异常点。用手持GPS仪器读取调查点坐标、高程,结合地形地物将调查点绘于图上,图上误差小于2 mm。查明地层层序、岩性特征、分布范围、标志层、构造特征、断层及岩溶发育特征并做到详细记录,观测点的记录要有代表性和控制性,地层标志点应定点记录,并摄影摄像。条件允许时应收集热储孔隙率、弹性释水系数、渗透系数、压力传导系数、热储压力(水头)。工作区内若有温泉出露,应测量地热流体水温、水量,采样测定地热流体的物理性质与化学成分、同位素组成、有用及有害成分。基本查明区域水文地质条件和地热地质条件,确定热储层、热储盖层、隔水层,重点查明热储的岩性、厚度、埋深、分布、相互关系及边界条件。

2)地热地质剖面测量

在1:1万地热地质调查的基础上,选择有代表性的地段开展1:5 000地质剖面测量,要求地质界线分层准确,图上误差小于2 mm,实地量取各地层的顶底板岩层产状。

剖面线的布置与地层走向近于垂直,标准剖面线应布置在拟选靶点,选择出露条件好、热储构造完整的地段进行测绘,确保剖面形态与真实地层能够基本吻合,详细记录剖面所经过区域的方向、长度、坡度、坡向、岩性特征、标志层、岩层产状、断层产状等要素,从而掌握各地层的真实厚度,以了解热储层的埋藏深度。从钻探区域中的备选钻探点的交通状况、区位条件、开发价值以及地质条件等各方面进行综合分析,最终确定推荐的钻井井位,为勘查实施方案的编制提供依据。

6.4　工程测量

工程测量主要是按照《地质矿产勘查测量规范》(GB/T 18341—2001)及《工程测量规范》(GB 50026—2007)等相关规范要求进行定位测量、地热地质剖面测量及物探剖面测量。

①定位测量。对勘探井及天然温泉应使用全站仪进行定位测量,准确提供地热井井口坐标及高程。

②地热地质剖面测量。在地热地质调查的基础上进行地质剖面测量,剖面线走向与岩层走向垂直,沿剖面线对剖面方向、地形坡度、岩层产状、地质界线、界线间的距离进行测量,以确定地层的真实厚度。

③物探剖面测量。在重点调查靶区内的拟设靶点附近选择物探探测区域,确定物探剖面线,在剖面线上布置物探点。

6.5　地球化学勘查

用化探方法,对勘查区域土壤中砷、汞、锑等微量元素的探测,能够帮助我们判定区域内深部隐伏断裂的展布情况。在已实施的地热井岩矿心中进行热变矿物鉴定分析,能够帮助我们推断地热活动特征及其演化历史。对已有的地热水中的氟、SiO_2、硼等组分的测定,能够帮助我们判定地热异常分布范围。对区域内有代表性的地热水、常温带的地下水、地表水、大气降雨中稳定性同位素和放射性同位素的测定,能够帮助我们推断地热流体的成因与年龄。

6.6　地球物理勘查

　　地球物理勘查是地热水资源勘查不可或缺的手段之一,是整个勘查工作的重要组成部分。其主要作用是:圈定地热蚀变带、地热异常范围及热储层的空间分布情况;初步确定地热田的基底起伏及隐伏断裂的空间展布,圈定隐伏火成岩和岩浆岩(如有)位置;利用地温勘查圈定地热异常区域;利用重力法确定地热田基底起伏及断裂构造的空间展布;利用磁法确定水热蚀变带位置和隐伏火成岩体的分布、厚度及与断裂的关系;利用电法、α 卡、210PO 法圈定热异常和确定热储层的范围、深度;利用人工浅层地震法准确测定断裂位置、产状和热储层位置与规模;利用大地电流法确定高温地热田的岩浆房及热储位置与规模;利用微地震法测定活动断裂带,以便较准确地判定断裂展布、产状和地层构造,最后选择布井有利位置,开展少量音频大地电磁测深点判定富水情况。地球物理勘查成果是地热钻探井位确定的重要依据。如图 6.2 所示,图中红色圈定的范围,为音频大地电磁测深法(AMT)测定的 3 个低阻异常区域,同时测得 WT3D10 处深度为 1 700 m,WT3D20 处深度为 2 050 m。所以建议钻井位置为 JY3-1,备选钻井位置为 JY3-2。

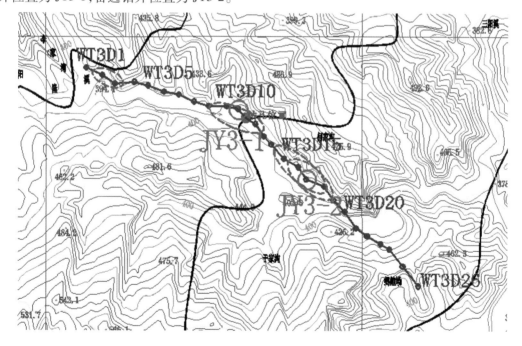

图 6.2　音频大地电磁测深法实际材料图

6.7　地热钻探

地热钻探是地热勘查中最直观、最准确有效的方法。除天然出露的温泉外,地下热水只有通过钻井通道涌出或抽出地表,才能被人们利用。

地热钻探投资较大,因此地热钻孔施工前要综合分析所有相关资料,精心编制地热钻孔地质工作设计和钻探施工设计,钻探过程中应尽量开展各种样品采集和各种测试、试验工作,获取更多的地热地质信息。其主要工作如下:

①开展岩屑录井及钻时录井,观察冲洗液温度变化及漏失变化,详细记录钻井过程中漏水、井喷、涌沙、逸气、掉块、塌孔、缩径等现象及出现时的井深和层位,进而分析热储特征及地热水赋存部位。

②在热储层段采集代表性岩心,观察岩性特征,判定岩石名称,测试其孔隙度、密度及渗透率、比热、热导率等并与测试资料比较。还可做部分放射性含量、古地磁同位素年龄测试,判定地热田地质历史及区域热异常背景。

③开展综合物探测井,着重解决热储层段划分及主要含水层位置,获取不同层位的孔隙率、渗透率、含水率、岩石密度等数据,获取井内地温变化曲线,井温测量应在停钻 24 h 以后,并应测两条温度曲线,两条温度曲线温差应在允许范围内。

④按稳定流及非稳定流要求进行抽水、放水试验,观察水温、水量、水位变化特征,为地热水资源评价提供基础数据。

⑤采集地热水样品,有气体逸出及中高温地热水应采集气样。水样应进行全分析,以及稳定性同位素、放射性同位素及理疗热矿水的微量元素分析,气体分析应尽量做 H_2S、CO_2、O_2、CO、NH_4、CH_4、He、Ar 等分析。

地热井的钻进技术和成井工艺(冲洗液技术、测井要求、井斜控制、终孔口径、泵室段的确定)均应满足勘探钻孔的目的和要求。有关地热井钻探设备及钻井工艺,将在后面的章节专门论述,这里不再赘述。

6.8　地热井动态长期监测

动态监测应贯穿地热资源勘查开采的全过程,拟投入勘查开发的地热田应对每一个勘探孔及地热开采井进行水位、水量、水温、水质的动态监测,以便掌握地热资源的天然动态与开采动态。对已开发的地热田一定要保持动态监测的连续性和合理性,以便为地热资源计算与评价、地热田管理及与地热田开发有关的环境地质问题提供实际资料。

6.9 地热资源勘查风险评价方法

地热资源勘查投入大、风险高,常采用数学方法并综合各影响因素进行风险定量评判,供开发者决策,以降低地热水勘查风险、提高地热水勘查的成功率。

6.9.1 风险因子的识别分析与分级

地热资源勘查涉及的风险因子较多,有客观上地热地质条件的许多不确定性和主观认知上的局限性等方面。因此,风险因子的识别要在前人已施工成功的地热深井和失败的地热深井的基础上,总结经验,吸取教训,并结合所有钻井的前期可行性论证报告、完井后的总结报告与物探测井报告进行分析研究,采用"逆向思维"的方法审视地热资源勘查的风险,寻找地热深井失败的关键因子,以充分揭示地热深井勘查的风险来源。

风险因子的识别方法采用目前在风险因子众多的预测上有着广泛用途的"德尔菲法",它是在专家个人判断法和专家会议法的基础上发展起来的一种专家调查法,其优点是便于专家独立思考和判断、低成本实现集思广益、有利于探索性解决问题及应用范围广泛。

根据成功地热井所取得的经验与失败地热井所总结的教训,采用"德尔菲法"最终确定了热储构造开启程度、热储构造部位、沟谷切割程度、物探效果、热储层顶板埋深、热储层厚度、热储层倾角、热异常情况、热储层位 9 个风险因子,每个风险因子均分为 I(风险大)、II(风险中等)、III(风险小)三级(表6.1)。

表6.1 风险因子分级表

风险因子	风险大	风险中等	风险小
	I	II	III
热储构造开启程度	差	中等	好
热储构造部位	不利地段	一般地段	有利地段
沟谷切割程度	无	轻微切割	强烈切割
物探效果	符合性好	符合性一般	符合性差
热储层顶板埋深/m	<1 200,≥2 500	≥1 800,<2 500	1 200~1 800
热储层厚度/m	<200	200~300	≥300
热储层倾角/(°)	<20,≥40	20~25	25~40
热异常情况	无	轻微热异常	有温泉出露
热储层位	二叠系	寒武系	三叠系

6.9.2 权重的选取

取重庆市 42 个地热井的成果资料作为样品,按最终确定的 9 个风险因子进行信息采集与梳理,再按照统计频率法与专家打分法综合确定各风险因子的权重。

(1)统计频率法

根据已成功的 42 个地热井的相关资料,按照上述确定的 9 个因子和每个因子所对应的三级标准,确定每个单井在其中的每个因子的三级风险中是否属于风险小的一级,若是则记作 1 分,总分为 42 分;再求出每个因子的三级风险中属于风险小的一级的频率;最后进行归一化处理,即得各因子的权重。

(2)专家打分法

组织 15 名从事地热地质专家和水、工、环、物探、钻探专业专家对上述 9 个因子按百分制进行独立打分,再求出每个因子的平均分;最后进行归一化处理,即得各因子的权重。

根据上述两种方法确定的 9 个因子的权重进行叠加,计算平均值,作为最终确定各因子的权重(表6.2)。

表6.2 综合选取权重表

方 法	热储构造开启程度	热储构造部位	沟谷切割程度	物探效果	热储层顶板埋深/m	热储层厚度/m	热储层倾角/(°)	热异常情况	热储层位
统计频率法	0.135	0.119	0.069	0.058	0.108	0.115	0.127	0.142	0.127
专家打分法	0.119	0.135	0.093	0.034	0.092	0.155	0.111	0.158	0.103
均值(权重)	0.127	0.127	0.081	0.046	0.100	0.135	0.119	0.150	0.115

6.9.3 地质模型的建立

1)风险分级

根据收集区域性地热地质资料及重庆市 57 个地热钻井成果资料,并结合开发利用效果,将地热资源勘风险分为风险大、风险中等、风险小三级。

①风险大:主要指区域地热地质条件差,前人研究程度低,无地热显示或地热显示较差的地区,赋值 5 分。

②风险中等:主要指区域地热地质条件中等,前人研究程度中等,有零星地热显示的地区,赋值 3 分。

③风险小:主要指区域地热地质条件好,前人研究程度高,有较多地热显示(温泉)的地区,赋值 2 分。

2)各评价单元风险因子取值

根据上述原则将重庆市地热田划分为 79 个块段,每个块段分别对前面所列的 9 个因子进行单因素的 3 个风险级别取值,取值原则按照风险分级表的标准,采用百分制,若某因子在某块段属于风险小,则该项取值为 1,风险中等与风险大则均为 0;若某因子在某块段的纵向上 3 个风险级均存在,则根据其不同风险级在纵向上总长度的百分比进行取值。比如温塘峡背斜东翼南段第 20 个块段,热储构造开启程度取值(0.0,0.0,1.0)、热储构造部位取值(0.1,0.3,0.6)、沟谷切割程度取值(0.2,0.2,0.6)、物探效果取值(0.5,0.2,0.3)、热储层顶板埋深取值(0.2,0.3,0.5)、热储层厚度取值(0.4,0.3,0.3)、热储层倾角取值(0.3,0.3,0.4)、热异常情况取值(0.2,0.2,0.6)、热储层位取值(0.3,0.3,0.4),其他块段单因素取值类似。

6.9.4 数学模型建立及分析

针对地热资源评价的特点,结合地质模型的影响因素分析,参照工程项目风险分析,以及边坡、地质灾害风险评价等已有的研究成果,综合考虑了适宜性、实用性和可操作性,对各种可用于风险评价和决策的各种数学方法进行了遴选,选择模糊数学模型、决策树模型和层次分析法模型进行相关风险评价,具体介绍如下。

1)模糊数学模型

(1)模糊数学综合评判模型简介

在实际工作中,对一个事物的评价(或评估),常常涉及多个因素或多个指标,这时就要求根据这多个因素对事物作出综合评价,而不能只从某一因素的情况去评价事物,这就是综合评判。在这里,评判的意思是指按照给定的条件对事物的优劣、好坏进行评比、判别,综合的意思是指评判条件包含多个因素或多个指标。因此,综合评判就是要对受多个因素影响的事物作出全面评价。综合评判的方法有许多种,常用的有以下两种。

①评总分法:评总分法就是根据评判对象列出评价项目,对每个项目定出评价的等级,并用分数表示,再将评价项目所得的分数累计相加,然后按总分的大小排列次序,以决定方案的优劣。

②加权平均法:加权平均法主要是考虑诸因素(或诸指标)在评价中所处的地位或所起的作用不尽相同,因此不能一律平等地对待诸因素(或诸指标)。于是,就引进了权重的概念,它体现了诸因素(或诸指标)在评价中的不同地位或不同作用。这种评分显然较评总分法合理。

加权平均法一般表示为

$$E = \sum_{i=1}^{n} a_i S_i$$

其中 E 表示加权平均分数,$a_i(i = 1,2,\cdots,n)$ 是第 i 个因素所占的权重,且要求

$$\sum_{i=1}^{n} a_i = 1$$

若取权重 $a_i = \dfrac{1}{n}$,则上式求出的就是平均分。

模糊数学综合评判决策是对受多种因素影响的事物作出全面评价的一种十分有效的多因素决策方法,因此,模糊综合评判决策又称为模糊综合决策或模糊多元决策。

模糊综合决策的数学模型由 3 个要素组成,其步骤分为以下 4 步:

①因素集 $U = \{u_1, u_2, \cdots, u_n\}$。

②评判集(评价集或决断集)$V = \{v_1, v_2, \cdots, v_m\}$。

③建立评判矩阵 $\boldsymbol{R}$

$$\boldsymbol{R} = \begin{bmatrix} r_{11} & r_{12} & \cdots & r_{1m} \\ r_{21} & r_{22} & \cdots & r_{2m} \\ \vdots & \vdots & \ddots & \vdots \\ r_{n1} & r_{n2} & \cdots & r_{nm} \end{bmatrix}$$

其元素表示了从因素 u_i 着眼,被评对象能被评为 v_j 等级的程度,也就是因素 u_i 对等级 v_j 的隶属度。

④综合评判。对于权重 $A = (a_1, a_2, \cdots, a_n)$,用模型 $M(\cdot, +)$ 计算。

(2)地热风险评价模糊数学综合评价模型的建立及应用

①确定因素集。

把影响地热的因素构成的集合称为因素集,包括:热储构造开启程度、热储构造部位、沟谷切割程度、物探效果、热储层顶板埋深、热储层厚度、热储层倾角、热异常情况、热储层位 9 个方面,即可得到因素集为:

$U = \{$热储构造开启程度(u_1),热储构造部位(u_2),沟谷切割程度(u_3),物探效果(u_4),热储层顶板埋深(u_5),热储层厚度(u_6),热储层倾角(u_7),热异常情况(u_8),热储层位$(u_9)\}$

②建立因素权重集。

对地热风险评价的权重是经过专家估测获得的,且该权重为:

$A = [0.119, 0.135, 0.093, 0.034, 0.092, 0.155, 0.111, 0.158, 0.103]$

③做模糊变换。

$B = A \cdot R$,其中 B 表示被判断事物在评判集上的综合评判结果。

④建立评价集。评价集是由对评判对象可能做出的评判结果所组成的集合,可表示为 $V = \{v_1, v_2, \cdots, v_n\}$。这里将评价等级取为三级,即 $v = (v_1, v_2, v_3)$,分别为风险小、风险中等、风险大。

⑤评价结果的处理。在模糊综合评判中,对结果进行处理的方法有:最大隶属度法和加权平均法。最大隶属度法是取隶属度者作为结果;若用加权平均法,则按 5 分制定量化地评价地热风险等级:风险小、风险中等、风险大分别记 5 分、3 分和 2 分,见表 6.3。

表 6.3 地热风险等级标准表

地热风险等级	风险小(v_1)	风险中等(v_2)	风险大(v_3)
评分(C)	$C_1 = 5 \sim 3.5$	$C_2 = 3.5 \sim 3.15$	$C_3 = 3.15 \sim 2$

地热风险等级综合评价评分计算公式为 $V = B \cdot C^T$。

⑥地热风险情况评价及其评价结果。该项目总共评价79个点,其中"风险小"的点有17个;"风险大"的点有19个;其余有41个评估点的风险等级均为"风险中"。另外,有2个评估点用加权平均法和最大隶属度法得到的综合评价结果不一致,分别是:新店子东翼北段、桃子荡东翼中段,符合率达97.5%。风险评估结果详见表6.4。

表6.4 模糊数学模型风险评估结果表

编号	评估点名称	最大隶属度法风险等级	加权平均法风险等级	编号	评估点名称	最大隶属度法风险等级	加权平均法风险等级
1	西山背斜西翼北段	小	小	26	观音峡东翼南段	中等	中等
2	西山背斜西翼南段	大	大	27	铜锣峡西翼	小	小
3	西山背斜东翼北段	小	小	28	铜锣峡东翼	小	小
4	西山背斜东翼南段	大	大	29	南温泉西翼	小	小
5	新店子西翼北段	小	小	30	南温泉东翼	小	小
6	新店子西翼南段	大	大	31	明月峡西翼	中等	中等
7	新店子东翼北段	中等	小	32	明月峡东翼	中等	中等
8	新店子东翼南段	大	大	33	桃子荡西翼北段	小	小
9	沥鼻峡西翼北段	中等	中等	34	桃子荡西翼中段	中等	中等
10	沥鼻峡西翼中段	小	小	35	桃子荡西翼南段	中等	中等
11	沥鼻峡西翼南段	大	大	36	桃子荡东翼北段	小	小
12	沥鼻峡东翼北段	中等	中等	37	桃子荡东翼中段	大	中等
13	沥鼻峡东翼中段	小	小	38	桃子荡东翼南段	中等	中等
14	沥鼻峡东翼南段	大	大	39	丰盛场西翼北段	大	大
15	温塘峡西翼北段	大	大	40	丰盛场西翼南段	中等	中等
16	温塘峡西翼中段	中等	中等	41	丰盛场东翼北段	大	大
17	温塘峡西翼南段	大	大	42	丰盛场东翼南段	中等	中等
18	温塘峡东翼北段	大	大	43	苟家场西翼北段	大	大
19	温塘峡东翼中段	中等	中等	44	苟家场西翼南段	中等	中等
20	温塘峡东翼南段	大	大	45	苟家场东翼北段	大	大
21	观音峡西翼北段	中等	中等	46	苟家场东翼南段	中等	中等
22	观音峡西翼中段	小	小	47	梓里场西翼	小	小
23	观音峡西翼南段	中等	中等	48	梓里场东翼	中等	中等
24	观音峡东翼北段	中等	中等	49	龙骨溪北翼	中等	中等
25	观音峡东翼中段	小	小	50	龙骨溪南翼	中等	中等

续表

编号	评估点名称	最大隶属度法风险等级	加权平均法风险等级	编号	评估点名称	最大隶属度法风险等级	加权平均法风险等级
51	羊角背斜西翼	小	小	66	七曜山北西翼	中等	中等
52	羊角背斜东翼	小	小	67	七曜山南东翼	中等	中等
53	铁峰山背斜北西翼北段	中等	中等	68	郁山背斜北西翼	中等	中等
54	铁峰山背斜北西翼中段	大	大	69	郁山背斜南东翼	中等	中等
55	铁峰山背斜西翼南段	中等	中等	70	桐麻园背斜北西翼	大	大
56	铁峰山背斜北东翼北段	中等	中等	71	桐麻园背斜南东翼	中等	中等
57	铁峰山背斜东翼中段	大	大	72	咸丰背斜西翼	中等	中等
58	铁峰山背斜北东翼南段	中等	中等	73	咸丰背斜东翼	中等	中等
59	方斗山北西翼北段	中等	中等	74	秀山背斜北西翼	中等	中等
60	方斗山北西翼中段	小	小	75	秀山背斜南东翼	中等	中等
61	方斗山北西翼南段	中等	中等	76	马槽坝背斜北翼东段	大	大
62	方斗山南东翼北段	中等	中等	77	马槽坝背斜北翼西段	中等	中等
63	方斗山南东翼南段	中等	中等	78	马槽坝背斜南翼东段	大	大
64	龙驹坝北西翼	中等	中等	79	马槽坝背斜南翼西段	中等	中等
65	龙驹坝南东翼	中等	中等				

2)决策树模型

(1)决策树概述

决策树技术是人类使用计算机模仿人类决策的有效方法,广泛应用在医疗、保险业、电信业、制造业、图像识别、机器人导航、气候预测与分类和工程风险决策等。决策树方法源于CLS,决策树是一种从无次序、无规则的样本数据集中推理出决策树表示形式的分类规则方法。它采用自顶向下的递归方式,在决策树的内部节点进行属性值的比较并根据不同的属性值判断从该节点向下的分支,在决策树的叶节点得到结论。因此,从根节点到叶节点的一条路径就对应着一条规则,整棵决策树就对应着一组表达式规则。

决策树的构成有以下4个要素:

①决策节点;

②方案枝;

③状态节点;

④概率枝。

决策树构成如图6.3所示。

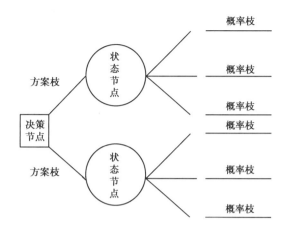

图6.3　决策树构成

总之,决策树一般由方块节点、圆形节点、方案枝、概率枝等组成,方块节点称为决策节点,由节点引出若干条细支,每条细支代表一个方案,称为方案枝;圆形节点称为状态节点,由状态节点引出若干条细支,表示不同的自然状态,称为概率枝。每条概率枝代表一种自然状态。在每条细枝上标明客观状态的内容和其出现概率。在概率枝的最末梢标明该方案在该自然状态下所达到的结果。这样的树形图由左向右,由简到繁展开,组成一个树状网络图。

决策树具有以下优点:

①可以生成易理解的规则;

②计算量相对来说不是很大;

③可以处理连续和种类字段;

④决策树可以清晰地显示哪些字段比较重要。

决策树法作为一种决策技术,已被广泛地应用于企业的投资决策之中,它是随机决策模型中最常见、最普及的一种规策模式和方法。此方法有效地控制了决策带来的风险,在工程风险决策中也得到了广泛的应用。

(2)地热开发风险评价决策树模型的建立及应用

①风险分析。风险分析的目标是研究风险是怎样产生的。实际上是指对风险影响因子行识别分类、建模的过程。通过掌握风险因子的状态,进行风险管理,减小或控制风险。本项目的风险影响因子主要有热储构造开启程度、热储构造部位、沟谷切割程度、物探效果、热储层顶板埋深、热储层厚度、热储层倾角、热异常情况、热储层位等。每个因子的分值以及其权重均由专家给定。

②评估模型建立步骤。本模型将风险影响因子的权重及其分值联合起来判断风险的大小,它一般包括以下几个步骤:

a.绘制决策树(如图6.4)。决策树的基本组成部分包括:

●决策点,用方形节点表示。由它引出的边称为决策边,表示不同的风险情况,旁边的数字为该风险情况的期望值。

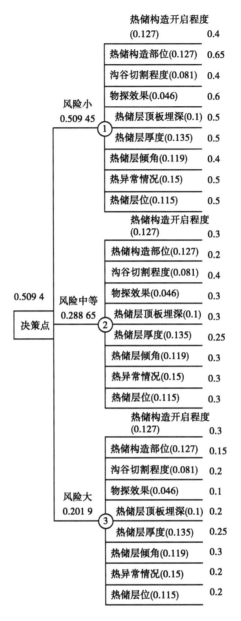

图 6.4　决策树图形

• 状态点,用圆形节点表示。由它引出的边称为概率枝,表示不同的影响因子,旁边的数字表示对应影响因子的权重。

• 结果点,位于概率枝的末端,表示每一影响因子的分值,作为风险判断的依据。

b. 计算各风险情况的期望值。

$$E(X) = \sum X_i P(X_i)$$

式中　$E(X)$——风险期望值;

　　　X_i——第 i 个影响因子的分值;

　　　$P(X_i)$——第 i 个影响因子的权重。

c.风险判断。以风险期望值为衡量标准,做出风险判断。

(3)地热开发风险决策树模型评价结果

运用决策树模型评价的79个点中风险小的有17个、风险中等的有42个、风险大的有20个,比例分别是21.52%,53.16%,25.32%。评估结果与初步评估基本一致。

该项目总共评价79个点,评估结果汇总详见表6.5。

表6.5　决策树模型风险评估结果汇总表

编号	评估点名称	决策树模型风险等级	编号	评估点名称	决策树模型风险等级
1	西山背斜西翼北段	小	27	铜锣峡西翼	小
2	西山背斜西翼南段	大	28	铜锣峡东翼	小
3	西山背斜东翼北段	小	29	南温泉西翼	小
4	西山背斜东翼南段	大	30	南温泉东翼	小
5	新店子西翼北段	小	31	明月峡西翼	中等
6	新店子西翼南段	大	32	明月峡东翼	中等
7	新店子东翼北段	中等	33	桃子荡西翼北段	小
8	新店子东翼南段	大	34	桃子荡西翼中段	中等
9	沥鼻峡西翼北段	中等	35	桃子荡西翼南段	中等
10	沥鼻峡西翼中段	小	36	桃子荡东翼北段	小
11	沥鼻峡西翼南段	大	37	桃子荡东翼中段	大
12	沥鼻峡东翼北段	中等	38	桃子荡东翼南段	中等
13	沥鼻峡东翼中段	小	39	丰盛场西翼北段	大
14	沥鼻峡东翼南段	大	40	丰盛场西翼南段	中等
15	温塘峡西翼北段	大	41	丰盛场东翼北段	大
16	温塘峡西翼中段	中等	42	丰盛场东翼南段	中等
17	温塘峡西翼南段	大	43	苟家场西翼北段	大
18	温塘峡东翼北段	大	44	苟家场西翼南段	中等
19	温塘峡东翼中段	中等	45	苟家场东翼北段	大
20	温塘峡东翼南段	大	46	苟家场东翼南段	中等
21	观音峡西翼北段	中等	47	梓里场西翼	小
22	观音峡西翼中段	小	48	梓里场东翼	中等
23	观音峡西翼南段	中等	49	龙骨溪北翼	中等
24	观音峡东翼北段	中等	50	龙骨溪南翼	中等
25	观音峡东翼中段	小	51	羊角背斜西翼	小
26	观音峡东翼南段	中等	52	羊角背斜东翼	小

续表

编号	评估点名称	决策树模型风险等级	编号	评估点名称	决策树模型风险等级
53	铁峰山背斜北西翼北段	中等	67	七曜山南东翼	中等
54	铁峰山背斜北西翼中段	大	68	郁山背斜北西翼	中等
55	铁峰山背斜北西翼南段	中等	69	郁山背斜南东翼	中等
56	铁峰山背斜北东翼北段	中等	70	桐麻园背斜北西翼	大
57	铁峰山背斜北东翼中段	大	71	桐麻园背斜南东翼	中等
58	铁峰山背斜北东翼南段	中等	72	咸丰背斜西翼	中等
59	方斗山北西翼北段	中等	73	咸丰背斜东翼	中等
60	方斗山北西翼中段	小	74	秀山背斜北西翼	中等
61	方斗山北西翼南段	中等	75	秀山背斜南东翼	中等
62	方斗山南东翼北段	中等	76	马槽坝背斜北翼东段	大
63	方斗山南东翼南段	中等	77	马槽坝背斜北翼西段	中等
64	龙驹坝北西翼	中等	78	马槽坝背斜南翼东段	大
65	龙驹坝南东翼	中等	79	马槽坝背斜南翼西段	中等
66	七曜山北西翼	中等			

3）层次分析法模型

层次分析法(Analytic Hierarchy Process,AHP)是对一些较为复杂、较为模糊的问题作出决策的简易方法,它特别适用于那些难于完全定量分析的问题。它是美国运筹学家 T. L. Saaty 教授于 20 世纪 70 年代初期提出的一种简便、灵活而又实用的多准则决策方法。

(1)层次分析法的基本原理及建模

人们在进行社会的、经济的以及科学管理领域问题的系统分析中,常常面临的是一个由相互关联、相互制约的众多因素构成的复杂而往往缺少定量数据的系统。层次分析法为这类问题的决策和排序提供了一种新的、简洁而实用的建模方法。

①层次分析法模型的建立。层次分析模型可将复杂问题分解成若干组成部分。这些部分又按其属性及关系形成若干层次。这些层次可以分为 3 类:

a.最高层:这一层次中只有 个元素,一般它是分析问题的预定目标或理想结果,因此也称为目标层。

b.中间层:这一层次中包含了为实现目标所涉及的中间环节,它可以由若干个层次组成,包括所需考虑的准则、子准则,因此也称为准则层。

c.最底层:这一层次包括了为实现目标可供选择的各种措施、决策方案等,因此也称为措施层或方案层。

对于地热风险评估的层次分析法模型建模如图 6.5 所示。其中 Z 为目标层,A_1,A_2,A_3,A_4,A_5,A_6,A_7,A_8,A_9 为准则层,分别表示热储构造开启程度、热储构造部位、沟谷切割程度、物探效果、热储层顶板埋深、热储层厚度、热储层倾角、热异常情况、热储层位;B_1,B_2,B_3 为方案层,分别表示风险等级为风险小、风险中等、风险大。

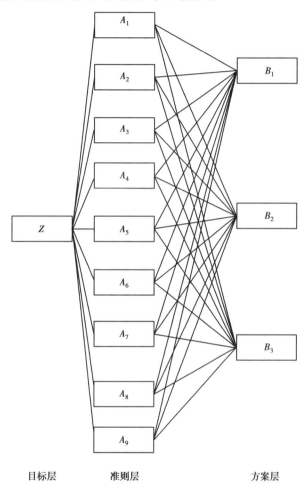

目标层　　　　　　准则层　　　　　　　方案层

图 6.5　层次分析法模型

②构造判断矩阵。层次结构反映了因素之间的关系,Saaty 等人建议可以采取对因子进行两两比较建立成对比较矩阵的办法。即每次取两个因子 A_i 与 A_j,以 a_{ij} 表示 A_i 和 A_j 对 Z 的影响大小之比,全部比较结果用矩阵 $A = (a_{ij})_{n \times n}$ 表示,称 A 为目标层与准则层之间的成对比较判断矩阵。容易看出,若对 Z 的影响之比为 a_{ij},则 A_j 与 A_i 对 Z 的影响之比应为 $a_{ji} = \dfrac{1}{a_{ij}}$。关于 a_{ij} 值的确定,Saaty 等建议引用数字 1—9 及其倒数作为尺度。表 6.6 中列出了 1—9 尺度的含义。

表6.6　尺度含义

尺　度	含　义
1	表示两个因素相比,具有相同重要性
3	表示两个因素相比,前者比后者稍重要
5	表示两个因素相比,前者比后者明显重要
7	表示两个因素相比,前者比后者强烈重要
9	表示两个因素相比,前者比后者极端重要
2,4,6,8	表示上述相邻判断的中间值
倒数	若因素 i 与因素 j 的重要性之比为 a_{ij},那么因素 j 与因素 i 重要性之比为 $a_{ji} = \dfrac{1}{a_{ij}}$

③层次单排序及一致性检验。判断矩阵 A 对应于最大特征值 λ_{max} 的特征向量 W,经归一化后即为同一层次相应因素对上一层次某因素相对重要性的排序权值。

对判断矩阵的一致性检验的步骤如下:

a. 计算一致性指标 $CI = \dfrac{\lambda_{max} - n}{n - 1}$。

b. 在表6.7 中查找相应的平均随机一致性指标。

表6.7　随机一致性指标 RI 的数值

n	1	2	3	4	5	6	7	8	9	10	11
RI	0	0	0.58	0.90	1.12	1.24	1.32	1.41	1.45	1.49	1.51

c. 计算一致性比率 CR

$$CR = \frac{CI}{RI}$$

当 $CR < 0.10$ 时,认为判断矩阵的一致性是可以接受的。

④层次总排序及一致性检验。先计算上一层次间的总排序权重分别为 $a_1, \cdots, a_m$,再计算方案层关于准则层的排序权重分别为 $b_{1j}, \cdots, b_{nj}$,最后求 B 层中各因素关于总目标的权重,即求 B 层各因素的层次总排序权重为 $b_1, \cdots, b_n$,且 $b_i = \sum_{j=1}^{m} b_{ij} a_j$ 其中 $i = 1, \cdots, n$。

对层次总排序也需作一致性检验,检验仍像层次总排序那样由高层到低层逐层进行。

设准则层中与 A_j 相关的因素的成对比较判断矩阵的致性指标为 $CI(j)$,相应的平均随机一致性指标为 $RI(j)$,则 B 层总排序随机一致性比率为:

$$CR = \frac{\sum\limits_{j=1}^{m} CI(j) a_j}{\sum\limits_{j=1}^{m} RI(j) a_j}$$

当 CR <0.10 时,认为层次总排序结果具有较满意的一致性并接受该分析结果。

⑤层次分析法的优点及其局限性。

a.层次分析法的优点:

● 系统性:层次分析法把研究对象作为一个系统,按照分解、比较判断、综合的思维方式进行决策,成为继机理分析、统计分析之后发展起来的系统分析的重要工具。

● 实用性:层次分析法把定性和定量方法结合起来,能处理许多用传统的最优化技术无法着手的实际问题,应用范围很广。同时,这种方法使得决策者与决策分析者能够相互沟通,决策者甚至可以直接应用它,这就增加了决策的有效性。

● 简洁性:具有中等文化程度的人即可以了解层次分析法的基本原理并掌握该法的基本步骤,计算也非常简便,并且所得结果简单明确,容易被决策者了解和掌握。

b.层次分析法的局限性:

● 只能从原有的方案中优选一个出来,没有办法得出更好的新方案。

● 该法中的比较、判断以及结果的计算过程都是粗糙的,不适用于精度较高的问题。

● 从建立层次结构模型到给出成对比较矩阵,人主观因素对整个过程的影响很大,这就使得结果难以让所有的决策者接受。当然采取专家群体判断的办法是克服这个缺点的一种途径。

在地热风险评估中,第二层对第一层的成对比较矩阵 A 为:

$$A = \begin{bmatrix} 1 & 3 & 5 & 7 & 5 & \frac{1}{3} & 1 & \frac{1}{3} & 1 \\ \frac{1}{3} & 1 & 5 & 7 & 5 & \frac{1}{3} & 3 & \frac{1}{3} & 3 \\ \frac{1}{5} & \frac{1}{5} & 1 & 5 & 1 & \frac{1}{7} & \frac{1}{5} & \frac{1}{7} & \frac{1}{3} \\ \frac{1}{7} & \frac{1}{7} & \frac{1}{5} & 1 & \frac{1}{5} & \frac{1}{9} & \frac{1}{7} & \frac{1}{9} & \frac{1}{7} \\ \frac{1}{5} & \frac{1}{5} & 1 & 5 & 1 & \frac{1}{5} & \frac{1}{3} & \frac{1}{5} & \frac{1}{2} \\ 3 & 3 & 7 & 9 & 5 & 1 & 3 & 1 & 5 \\ 1 & \frac{1}{3} & 5 & 7 & 1 & \frac{1}{3} & 1 & \frac{1}{3} & 1 \\ 3 & 3 & 7 & 9 & 5 & 1 & 3 & 1 & 1 \\ 1 & \frac{1}{3} & 3 & 7 & 2 & \frac{1}{5} & 1 & 1 & 1 \end{bmatrix}$$

可以计算出其最大特征值为 $\lambda = 9.7947$,其对应的特征向量的归一化向量为

$a = (0.0987, 0.0969, 0.0235, 0.0110, 0.2750, 0.1871, 0.0667, 0.1871, 0.0540)^T$

CI $= 0.0993$,$n = 9$,查表得 RI $= 1.45$,这时 CR $= 0.0685 < 0.1$,即通过一致性检验。

（2）层次分析法在地热风险评价中的应用结果

基于地热影响因子分析,按以上层次分析法原理和评价过程,对所有 79 个地热点进行了系统评价,评价结果显示"风险小"的点有 17 个;"风险大"的点有 21 个;其余 41 个评估点的风险等级均为"风险中等",见表 6.8。

表 6.8　层次分析法模型风险评估结果表

编号	评估点名称	层次分析法风险等级	编号	评估点名称	层次分析法风险等级
1	西山背斜西翼北段	小	28	铜锣峡东翼	小
2	西山背斜西翼南段	大	29	南温泉西翼	小
3	西山背斜东翼北段	小	30	南温泉东翼	小
4	西山背斜东翼南段	大	31	明月峡西翼	中等
5	新店子西翼北段	小	32	明月峡东翼	中等
6	新店子西翼南段	大	33	桃子荡西翼北段	小
7	新店子东翼北段	中等	34	桃子荡西翼中段	中等
8	新店子东翼南段	大	35	桃子荡西翼南段	中等
9	沥鼻峡西翼北段	中等	36	桃子荡东翼北段	小
10	沥鼻峡西翼中段	小	37	桃子荡东翼中段	大
11	沥鼻峡西翼南段	大	38	桃子荡东翼南段	中等
12	沥鼻峡东翼北段	中等	39	丰盛场西翼北段	大
13	沥鼻峡东翼中段	小	40	丰盛场西翼南段	大
14	沥鼻峡东翼南段	大	41	丰盛场东翼北段	大
15	温塘峡西翼北段	大	42	丰盛场东翼南段	中等
16	温塘峡西翼中段	中等	43	苟家场西翼北段	大
17	温塘峡西翼南段	大	44	苟家场西翼南段	中等
18	温塘峡东翼北段	大	45	苟家场东翼北段	大
19	温塘峡东翼中段	中等	46	苟家场东翼南段	中等
20	温塘峡东翼南段	大	47	梓里场西翼	小
21	观音峡西翼北段	中等	48	梓里场东翼	中等
22	观音峡西翼中段	小	49	龙骨溪北翼	中等
23	观音峡西翼南段	中等	50	龙骨溪南翼	中等
24	观音峡东翼北段	中等	51	羊角背斜西翼	小
25	观音峡东翼中段	小	52	羊角背斜东翼	小
26	观音峡东翼南段	中等	53	铁峰山背斜北西翼北段	中等
27	铜锣峡西翼	小	54	铁峰山背斜北西翼中段	大

编号	评估点名称	层次分析法风险等级	编号	评估点名称	层次分析法风险等级
55	铁峰山背斜西翼南段	中等	68	郁山背斜北西翼	中等
56	铁峰山背斜北西翼北段	中等	69	郁山背斜南东翼	中等
57	铁峰山背斜东翼中段	大	70	桐麻园背斜北西翼	大
58	铁峰山背斜北东翼南段	中等	71	桐麻园背斜南东翼	中等
59	方斗山北西翼北段	中等	72	咸丰背斜西翼	中等
60	方斗山北西翼中段	小	73	咸丰背斜东翼	中等
61	方斗山北西翼南段	中等	74	秀山背斜北西翼	中等
62	方斗山南东翼北段	中等	75	秀山背斜南东翼	中等
63	方斗山南东翼南段	中等	76	马槽坝背斜北翼东段	大
64	龙驹坝北西翼	中等	77	马槽坝背斜北翼西段	中等
65	龙驹坝南东翼	中等	78	马槽坝背斜南翼东段	大
66	七曜山北西翼	中等	79	马槽坝背斜南翼西段	中等
67	七曜山南东翼	中等			

6.9.5 风险评价数学方法比较研究

1）评价结果比较

对 79 个地热点运用以上 3 种方法进行评价,其评价结果如下。

（1）模糊数学模型

风险小的点有 17 个、风险中等的点有 41 个、风险大的点有 19 个,还有 2 个点用加权平均法和最大隶属度法得到的综合评价结果不一致,分别是:新店子东翼北段、桃子荡东翼中段。

（2）决策树模型

风险小的点有 17 个、风险中等的点有 41 个、风险大的点有 21 个。

（3）层次分析法模型

风险小的点有 17 个、风险中等的点为 41 个、风险大的点有 21 个。

从以上总体结果来看,3 种方法评价结果基本相同,而且针对具体地热点所得评价结果也是基本相同的,显示 3 种方法均可用于地热风险评价,而且也互相印证了最终评价结果的合理性和可行性。

2）各种模型优缺点的分析

（1）模糊数学模型

模糊数学已初步应用于模糊控制、模糊识别、模糊聚类分析、模糊决策、模糊评判、系统理论、信息检索、医学、生物学等各个方面。在气象、结构力学、控制、心理学等方面已有具体的研究成果。其评价过程也较简单,从工程领域和地质灾害领域其他风险评价应用来看,具有一定的适宜性,也是一种较好的方法,但是从本项目评价结果来看,对于新店子东翼北段、桃子荡东翼中段等一些地热点的评价结果有一定出入,显示模糊数学评价的稳定性有些欠缺,难以保证最终评价结果的可靠性。

(2)决策树模型

决策树模型条理清晰,程序严谨,定量、定性分析相结合,方法简单,易于掌握,应用性强,适用范围广等。决策树法作为一种决策技术,已被广泛地应用于企业的投资决策之中,它是随机决策模型中最常见、最普及的一种规策模式和方法。此方法有效地控制了决策带来的风险。其最大的优点就是评价过程简单,结果可靠,而且便于掌握和推广应用。

(3)层次分析法模型

层次分析法模型将决策有关的元素分解成目标、准则、方案等层次,在此基础上进行定性和定量分析的决策方法。其优点和缺点均很突出,其主要特点如下。

①面对具有层次结构的整体问题综合评价,采取逐层分解,变为多个单准则评价问题,在多个单准则评价的基础上进行综合。

②为解决定性因素的处理及可比性问题,Saaty 建议:以"重要性"(数学表现为权值)比较作为统一的处理格式,并将比较结果按重要程度以 1 至 9 级进行量化标度。

③检验与调整比较链上的传递性,即检验一致性的可接受程度。

④对汇集全部比较信息的矩阵集,使用线性代数理论与方法加以处理。挖掘出深层次的、实质性的综合信息作为决策支持。

层次分析法局限性也较明显:

①AHP 方法也有致命的缺点,它只能在给定的策略中去选择最优的,而不能给出新的策略。

②AHP 方法中所用的指标体系需要有专家系统的支持,如果给出的指标不合理则得到的结果也就不准确。

③AHP 方法中进行多层比较的时候需要给出一致性比较,如果不满足一致性指标要求,则 AHP 方法就失去了作用。

④AHP 方法需要求矩阵的特征值,但是在 AHP 方法中一般用的是求平均值(可以是算术、几何、协调平均)的方法来求特征值,这对一些病态矩阵是有系统误差的。

尽管层次分析法模型评价结果同决策树法所得结果一致,也显示出了较好的适宜性和可靠性,但是其最大的缺点在于评价过程冗长、繁复,中间控制环节较多,对工程人员的掌握应用和推广具有较大的限制。

综上所述,基于评价模型的可靠性,对地热资源风险评价的适宜性,以及评价过程的便利性和利于推广应用等方面的考虑,推荐决策树模型用于地热资源勘查风险评价。

7 地热井钻探工艺

7.1 重庆地区地热井钻探执行规范

我国专门针对地热井钻探施工的规程规范较少。由于地热水在工业、农业、医疗、民用等各方面有广泛用途,所以在实施过程中,也参照了其他相应的规程规范。目前主要执行的规程、规范如下。

①《地热资源地质勘查规范》(GB/T 11615—2010)。

②《供水水文地质勘察规范》(GB 50027—2001)。

③《地热钻探技术规程》(DZ/T 0260—2014)。

④《地质勘探安全规程》(AQ 2004—2005)。

⑤《地热资源评价方法》(DZ 40—1985)。

⑥《供水水文地质钻探与管井施工操作规程》(CJJ/T 13—2013)。

⑦《农田灌溉水质标准》(GB 5084—2005)。

⑧《污水综合排放标准》(GB 8978—1996)。

7.2 井位确定与井身结构

7.2.1 井位确定

在充分收集有关资料的基础上,有目的、重点地开展地热地质调查工作,与物探测试相结合,要基本查明工作区热储层、盖层、隔水层及构造导水特征,在此基础上,优选确定地热试验钻井位置,按地热钻井技术要求施工、采样、长观、综合评价,力争以最短时间和最小的经济投入取得最佳的勘查效果、经济效益和社会效益。在进行工作部署时应充分考虑以下具体原则。

（1）充分收集、利用已有资料的原则

充分收集、利用已有区域水文地质勘查和区域地质勘查工作资料，针对拟订工作区内的地质条件做较详细的地质调查。

（2）采用新、旧资料相互对比的原则

在区域水文地质调查的基础上，掌握各泉点、暗河等的变化情况，了解区域地下水的动态变化，并分析动态变化的原因。

（3）采用多种方法相互验证的原则

在充分收集、利用前人成果资料的基础上，采用多种方法与手段，并充分利用新技术、新方法、新理论开展各项工作，通过对比分析，选取较理想的钻井位置，力争以最小的投入取得最佳的勘查效果。

7.2.2 井身结构

井身结构根据地层岩性、设计深度等因素确定。重庆地区第四系地层较浅，一般未超过50 m。地质构造不复杂，地层岩性多为砂泥岩和石灰岩，从岩石可钻性方面来讲，总体不复杂，个别井段有坍塌、掉块现象。根据这些因素，地热井一般均设计为三开成井，用 ϕ445 mm 钻头钻进至砂岩硬地层，下入 ϕ339 mm 表管进行固井。达到要求后，一开用 ϕ311.2 mm 钻至井深 400 m 左右，遇坚硬岩层时，下入 ϕ244.5 mm 钢级 J55 石油套管作永久性固井，套管鞋固定在坚硬的岩石上。固井前测一次井斜，要求井斜不大于 1°。

固井候凝并试压，试压合格后进行二开钻进。二开用 ϕ215.9 mmPDC 钻头揭穿须家河组地层进入嘉陵江组第四段约 10 m（井深 1 560 m）后，下入 ϕ177.8 mm 钢级 J55 石油套管作永久性固井，固井前测一次井斜，要求井斜不大于 3°。

三开开孔口径为 ϕ152.40 mm，正常情况下进入嘉陵江组第一段 20 m 左右终孔。在钻获地热水的情况下，如产水层井壁稳定，则裸眼完钻；如产水层井壁不稳定，则考虑下筛管完井。要求井斜不大于 5°。常见井身结构如图 7.1 所示。

7.3 钻探设备及机具

在重庆地区，地热井设计深度一般控制在 2 000 m 以内，极少数地热井深度达到 2 500 m。根据设计深度和井径选择钻机型号，常用的地热井钻机型号及配套设备见表 7.1。

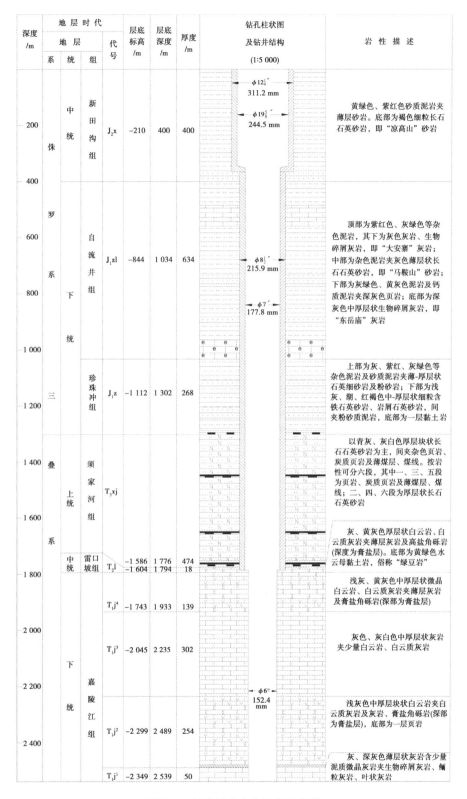

図 7.1 某地热井井身结构示意图

深度 /m	地层时代			代号	层底标高 /m	层底深度 /m	厚度 /m	钻孔柱状图及钻井结构 (1:5 000)	岩 性 描 述
	系	统	组						
200	侏	中统	新田沟组	J_2x	-210	400	400	φ12¼″ 311.2 mm / φ19⅝″ 244.5 mm	黄绿色、紫红色砂质泥岩夹薄层砂岩。底部为褐色细粒长石石英砂岩, 即"凉高山"砂岩
600 / 800	罗 系	下统	自流井组	J_1zl	-844	1 034	634	φ8½″ 215.9 mm / φ7″ 177.8 mm	顶部为紫红色、灰绿色等杂色泥岩, 其下为灰色灰岩、生物碎屑灰岩, 即"大安寨"灰岩; 中部为杂色泥岩夹灰色薄层状长石石英砂岩, 即"马鞍山"砂岩; 下部为灰绿色、黄绿色泥岩及钙质泥岩夹深灰色页岩; 底部为深灰色中厚层状生物碎屑灰岩, 即"东岳庙"灰岩
1 200	三		珍珠冲组	J_1z	-1 112	1 302	268		上部为灰、紫红、灰绿色等杂色泥岩及砂质泥岩夹薄-厚层状石英细砂岩及粉砂岩; 下部为浅灰、湖、红褐色中-厚层状细粒含铁石英砂岩、岩屑石英砂岩, 间夹粉砂质泥岩, 底部为一层黏土岩
1 400 / 1 600	叠 系	上统	须家河组	T_3xj					以青灰、灰白色厚层块状长石英砂岩为主, 间夹杂色页岩、炭质页岩及薄煤层、煤线。按岩性可分六段, 其中一、三、五段为页岩、炭质页岩及薄煤层、煤线; 二、四、六段为厚层状长石石英砂岩
1 800		中统	雷口坡组	T_2l	-1 586 / -1 604	1 776 / 1 794	474 / 18		灰、黄灰色厚层状白云岩、白云灰岩夹薄层灰岩及盐角砾岩(深度为膏盐层)。底部为黄绿色水云母黏土岩, 俗称"绿豆岩"
				T_1j^4	-1 743	1 933	139		浅灰、黄灰色中厚层状微晶白云岩、白云质灰岩夹薄层灰岩及膏盐角砾岩(深部为膏盐层)
2 000			嘉陵江组	T_1j^3	-2 045	2 235	302		灰色、灰白色中厚层状灰岩夹少量白云岩、白云质灰岩
2 200		下统		T_1j^2	-2 299	2 489	254	φ6″ 152.4 mm	浅灰色中厚层块状白云岩夹白云质灰岩及灰岩、膏盐角砾岩(深部为膏盐层), 底部为一层页岩
2 400				T_1j^1	-2 349	2 539	50		灰、深灰色薄层状灰岩含少量泥质微晶灰岩夹生物碎屑灰岩、鲕粒灰岩、叶状灰岩

表 7.1　常用地热井钻机型号及配套设备表

序　号	钻机型号	钻进深度/m	泥浆泵	钻塔
1	TSJ3000	3 000	3NB500	A 型
2	RPS3000	3 000	3NB1000	A 型
3	TSJ2000	2 000	3NB500	A27 - 90
4	ZJ40L	4 000	3NB1300	K 型(48 m)

7.4　钻井平场

钻井井位选定后,需对钻井场地进行 1∶500 地形图测图,设计井场布置,测算井场基础施工的工作量,按照井场布置图进行井场基础施工。

钻前施工应考虑井场位置的特殊性,保证道路和井场基础的质量。按规范保证足够的井场面积,前场长度确保有 45 m,以便于钻机起放井架,同时有足够的场地满足特殊作业施工,井场面积按《钻前工程及井场布置技术要求》(SY/T 5466—2013)执行(一般需要 40 m × 60 m 左右的场地)。

井架基础、机泵基础和罐式循环系统基础全坐在硬土上,最好坐落在基岩上。其基础的混凝土所用水泥、砂、石子比例用 1∶3∶6(体积比),搅拌混合均匀,搞好养护,确保底部施工质量优良,基础平面高差小于 3 mm。井场场地必须有足够的抗压强度,要铺一层片石(或条石),压实厚度不得低于 260 mm,场地平整、中间略高于四周,有 1% ~2% 坡度,排水良好,在经受各种车辆和自然因素的作用下,不发生过大的变形;搬迁设备、井场施工机具等在施工作业中应严格管理,严禁破坏环境;井场场地应平整、清洁,材料、钻具等摆放整齐。

泥浆净化一般采用三级净化,泥浆循环系统长度要求不小于 15 m,此外还要有值班房,以及堆放黏土、化学药剂、水泥的位置。

钻台、泵房下部地表及周围必须涂抹水泥,以防渗水浸泡基础,影响基础安全。防喷管线必须建防火墙、积污池与隔离带,钻台、机房、泵房下部地表应高于周围地面,并有明沟排水。井场周围应有深排水沟,井场排水沟不许汇入污水池。

井场应配备工程环保设施:钻井液净化循环系统;钻井泵、柴油机冷却水喷淋循环系统;废油品回收专用罐;贵重钻井液药品储备房;自动加重供给系统;按照工程设计配备封井器;容量足够的污水池;废液处理池容积 1 000 m³、堆砂池 300 m³;开钻前,钻井液池、污水池必须达标,安装好钻井泵冷却水循环装置,以及清洗钻台等设备的污水循环系统。

7.5 钻井工艺

7.5.1 钻 头

1）钻头选择

钻井工艺一般均采用正循环回转钻进，钻铤配重加压。根据地层及岩性，推荐选择 PDC 钻头，见表 7.2。

表 7.2 钻头选型推荐表

开 次	钻头尺寸/mm	推荐型号	数量/只	机械钻速预测/($m \cdot h^{-1}$)
导管	ϕ445	镶焊合金钻头	1	0.7
一开	ϕ311.2	ST517GK、ST537GK、PDC	2	3
二开	ϕ215.9	ST517GK、ST537GK、ST547GK、ST617GK、PDC	5	2.5
三开	ϕ152.4	PDC、ST517GK、ST537GK	3	2.5

2）钻头使用注意事项

①检查钻头的表观质量。检查钻头型号、出厂日期及出厂编号与外包装是否一致，检查 PDC 钻头的刀翼数、齿的排布、保径齿分布和大小。检查钻头丝扣，用钻头规测量钻头直径。

②钻头入井前，应认真分析前一只钻头的使用情况及井下情况，为用好该钻头做好准备，钻头入井的基本条件是：井底干净，无金属落物，井下情况正常，井眼畅通无阻，钻头能顺利下到井底。

③上、卸 PDC 钻头时，应使用专用且尺寸相对的卸扣器上、卸钻头，以免损坏钻头体。

④下钻过程中，遇阻不能硬压，针对井下不同情况，适时开泵顶通水眼，小排量间断划眼，无效时果断起钻改按划眼程序进行处理。

⑤对于长井段划眼，不能用 PDC 钻头，应采用牙轮钻头，待牙轮钻头划过垮塌段后，再采用 PDC 钻头。

⑥下钻完，钻头距井底一个单根高度时，应开泵循环洗井，钻头距井底 1 m 左右，启动转盘下放到井底。

⑦钻头应轻压、慢转平稳接触井底。

⑧钻压和转速的选用应满足钻头制造工艺、钻头进尺、钻头寿命、机械钻速和井身质量控制的要求。

⑨钻进过程中要精心操作，均匀送钻。当井下出现严重蹩跳钻现象、钻头进尺明显减慢时，应及时起钻检查钻头。

7.5.2 钻柱配套

按不同的井段设计口径配套钻柱组合。为了较好地控制井斜及提高钻进效率,根据现有钻机设备和设计井深,常用钻具组合推荐见表7.3。

表7.3 常用钻具组合推荐表

开钻次序	井眼尺寸/mm	井段/m	钻具组合	备 注
1	ϕ445	表管段	ϕ445 mm 钻头 + 方钻杆 + 地质钻杆	常规钻进
2	ϕ311.2	一开	ϕ311.3 mm 钻头 + ϕ228.6 mm 钻铤 × 2 根 + ϕ203.2 mm 钻铤 × 8 根 + ϕ177.8 mm 钻铤 × 8 根 + ϕ127 mm S135 钻杆(三牙轮钻头)	常规钻进
			ϕ311.3 mm 钻头 + ϕ228.6 mm 钻铤 × 2 根 + ϕ203.2 mm 钻铤 × 4 根 + ϕ177.8 mm 钻铤 × 4 根 + ϕ127 mm S135 钻杆(PDC 钻头)	
3	ϕ215.9	二开	ϕ215.9 mm 钻头 + ϕ177.8 mm 钻铤 × 12 根 + ϕ158.8 mm 钻铤 × 9 根 + ϕ127 mmS135 钻杆(三牙轮钻头)	平衡钻进、复合钻进
			ϕ215.9 mm 钻头 + ϕ172 mm 螺杆 + ϕ177.8 mm 钻铤 × 6 根 + ϕ158.8 mm 钻铤 × 6 根 + ϕ127 mm S135 钻杆(PDC 钻头)	
4	ϕ152.4	三开	ϕ152.4 mm 钻头 + ϕ120.7 mm 钻铤 × 18 根 + ϕ88.9 mm 钻杆(三牙轮钻头)	常规钻进
			ϕ152.4 mm 钻头 + ϕ120.7 mm 钻铤 × 12 根 + ϕ88.9 mm 钻杆(PDC 钻头)	

在实际钻进过程中,钻具组合应以防斜和控制井斜为主要目的,应加强井斜监测,确保起下钻畅通和套管能够顺利下入。必要时应使用扶正器钻进,以防止钻井偏斜。

7.5.3 泥 浆

1)泥浆性能指标

重庆地区钻遇地层大多数为三叠系、二叠系地层,目的层位均为石灰岩地层,总体比较简单。在进入热储层位前(一开、二开井段),均使用泥浆钻进。进入热储层位后(三开井段),为了不堵塞含水裂隙,均采用清水钻进。

在一开、二开钻进过程中,穿过须家河地层一、三、五段时,有可能揭穿煤系地层而塌孔,钻穿泥质灰岩井段有水敏现象。一般要求泥浆有一定抑制水敏地层的性能,并保持较高的漏斗黏度,便于携带岩粉,保持井底干净。常用的泥浆性能指标见表7.4。

表7.4　常用泥浆性能指标表

指　标	井　段		
	一开	二开	三开
密度/(g·cm⁻³)	1.05 ~ 1.18	1.05 ~ 1.20	1.05 ~ 1.15
漏斗黏度/s	28 ~ 50	28 ~ 55	28 ~ 50
失水/mL	< 20	< 15	—
泥饼厚度/mm	< 1	1 ~ 2	—
pH 值	8 ~ 9	8 ~ 9	8 ~ 9
含沙量/%	< 5	< 1	< 0.5

2)泥浆维护处理

钻进过程中,要根据井内情况随时测定泥浆参数,调整泥浆性能。

(1)一开井段

①配置膨润土必须是清水,便于膨润土充分预水化。

②泥浆 pH 值控制在 8 ~ 9。

③勤于测定泥浆的性能,把 LV-CMC、KPAM 复配成胶液以细水长流的方式加入循环液中,以维持泥浆的良好性能。

(2)二开井段

①根据一开井段使用的泥浆,加入一定量的 LV-CMC、KPAM 复胶液保证泥浆的包被性能和失水量控制,同时满足岩屑的正常上返情况。

②泥浆 pH 值控制在 8 ~ 9。

③勤于测定泥浆的性能,把 LV-CMC、KPAM 复配成胶液以细水长流的方式加入循环液中,以维持泥浆良好性能。加入补充 CMC,使钻井液具有较强的结构力,保持较高的黏度和切力,满足较低返速情况下携带和悬浮岩屑要求,并具有一定的防漏作用;加入 KPAM 复胶液使钻井液具有较强的抑制性,保持黏土的适当分散,有利于固相控制。

(3)三开井段

为了保证热储层裂隙不堵塞,三开井段原则上采用清水钻进。但由于此井段较深,岩屑上返困难。为了保持井底干净,需要适当增加冲洗液的悬浮能力,必要时可在清水中加入一定量的聚合物。

7.5.4　地热钻井操作注意事项

(1)表层套管

表层套管是否垂直,关系到整个井眼的井斜控制。开钻前,必须校正井口、天车、转盘是否在同一垂直线上。

（2）一开钻进

①开钻前须对设备进行全面检查，保证钻井仪表齐全、准确、灵敏、可靠。

②调整好平衡锤，10～50 m 井段每钻进 1 m 校直方钻杆。在钻铤未加足前，大钩弹簧保持拉伸状态，防止起步井斜。

③调整好钻压、转速和排量，在安全、保质保量的情况下提高钻井速度。

④维护好钻井液性能，确保泥浆的抑制性能、悬浮能力和润滑性。

⑤一开完钻后，充分循环好钻井液，调整好泥浆的黏度和相对密度，为顺利下套管和固井作业做好准备，保证固井质量。

（3）二开钻进

①开钻前做好设备、物资器材及必要的堵漏材料的准备、储备，具备快速钻进条件后方可开钻。

②开钻前按标准安装好井控装备，按要求试压合格后方可钻水泥塞。

③抓好生产组织和技术措施的预见性。

④钻具在裸眼内不能长时间静止。停钻作业时必须将钻具起至安全井段。

⑤加强测斜次数，随时掌握井斜数据，严格控制好井斜。在钻进中摸索、总结各地层井斜控制措施与井斜的关系，根据测斜情况及时调整钻井参数及钻具结构。在易斜层段，严格控制井斜，以保证 7″(ϕ177.8 mm）技术套管安全顺利下入。

⑥维护处理好钻井液性能，特别是防卡润滑性、携砂性能和悬浮岩屑能力。

⑦加强钻具检查。泵压下降时应及时起钻，防止钻具刺漏、刺断和刺垮井壁。

⑧在堵漏过程中，要精心操作，防止事故发生。

⑨做好 7″技术套管固井准备工作和固井作业，保证固井质量。

（4）三开钻进

①开钻前做好设备、物资器材的准备、储备，并储备足够的清水、钻井液和加重材料，具备进入热储层钻进条件后方可开钻。

②开钻前按标准安装好井控装备，按要求对固井水泥塞试压合格后，方可钻穿水泥塞。入井钻具应在钻头上部的第一个接头后加装回压阀。

③抓好生产组织和技术措施的预见性。

④钻具在裸眼内不能长时间静止。停钻作业时必须将钻具起至安全井段，再入井时，应循环观察正常后再钻进。

⑤小井眼钻进，加强设备管理和井下情况分析，防止钻具事故、掉牙轮事故和落物卡钻事故发生。

⑥加强钻进显示观察，在钻进中，应安排专人记录钻时，并观察、记录钻井液面变化及井下水、气显示，及时发现地层漏失、水浸，并采取相应措施。如发现井喷，应立即按照井控要求迅速控制井口，并及时报告。

⑦维护处理好钻井液性能，特别是防卡润滑性、携砂性能和悬浮岩屑能力。

⑧加强钻具检查。泵压下降时应及时起钻,防止钻具刺漏、刺断和刺垮井壁。

⑨在堵漏过程中,要精心操作,防止事故发生。

7.6　固　井

7.6.1　固井目的

固井是地热井施工非常重要的环节。地热井施工成本高,开采周期长,为了防止热储层上部地层坍塌堵塞井眼,同时防止热储层上部冷水进入井内或降低井内热水温度,对一开、二开井段都要用套管固井。

7.6.2　固井设计

①固井设计基础数据,见表7.5。

表7.5　固井设计基础数据

钻头尺寸 /mm	固井井段 /m	套管尺寸 /mm	管鞋深度 /m	固井前钻井液密度 /(g·cm⁻³)	固井方法
311.2	一开	244.5	一开井底	1.05~1.18	水泥固井
215.9	二开	177.8	二开井底	1.05~1.20	水泥固井
152.4	三开	做下入 ϕ127 mm 筛管的准备			

②套管柱强度设计,见表7.6。

表7.6　套管柱强度设计

套管程序	外径/mm	钢级	壁厚/mm	扣　型
一开套管	244.5	J55	8.94	长圆
二开套管	177.8	J55	9.19	长圆
筛管	127	J55	6.43	长圆

③各层套管柱水泥设计,见表7.7。

表7.7　套管柱水泥设计

套管 程序	井浆密度 /(g·cm⁻³)	返高 /m	塞长 /m	密度 /(g·cm⁻³)	水泥 品种	水泥量 /t	排　量	
							注水泥/m³	替浆/m³
一开套管	1.10	地面	50	1.75	42.5级水泥	计算		
二开套管	1.15	喇叭口	50	1.85	42.5级水泥			

7.6.3　固井准备

①下井套管附件应符合设计要求,并有质量检查清单;与套管柱相连接的螺纹应进行合扣检查。

②下井套管附件应记录其主要尺寸和钢级,并将其长度和下井次序编入套管记录。

③套管附件强度应不小于套管强度要求。

7.6.4　下套管要求

①套管应在固井前一周送至井场进行验收,目测检查质量、排列编号、清洗丝扣,逐根通径及丈量。

②下套管前应进行充分洗井,禁止对钻井液性能作大幅调整,保持钻井液性能稳定。起钻前投入循环温度测定仪,测出循环温度。

③下套管作业时,严格执行 SY/T 5412—2016《下套管作业规程》,连接时余扣最多不得大于两扣。

④各层套管靠近套管鞋 5 根,要求用丝扣黏接剂粘牢或焊接,防止下开钻井作业时套管鞋附近套管松动、脱落。

⑤套管入井时必须逐根记录,使用合格丝扣密封脂。

⑥下套管时,应按相关规范要求严格控制下放套管速度,防止下套管遇阻卡或压力激动造成井漏等复杂情况,避免因压力激动憋漏地层,以及避免冲击动载造成套管落井。遇阻不硬压,首先考虑开泵循环洗井,慢慢上下活动通过。套管遇卡上提时,循环接头最小抗拉安全系数不能低于1.8。

⑦下套管时按规定灌浆。

⑧下套管前对连接部位(包括井架销子)、动力设备、游动提升系统、刹车系统、泥浆泵、高压管汇及循环系统、井控装置等设备进行一次全面、强制的检修保养,并且校对好指重表,使其灵敏、可靠。下套管前应检查钢丝绳是否破损,防止事故发生。

⑨下至最后三根套管时,严格控制下放速度。若出现遇阻显示时,应立即停止下放。接循环接头,上提管柱 3～5 m,开泵循环,边循环边下入,清洗底部沉砂。准备 1～2 根短套管,以便循环及调配套管柱之用。套管下到设计位置后,应先开泵循环再坐井口,避免井底沉砂导致开泵困难和卡套管的可能性。

⑩下套管前地面泥浆罐内要有足够的泥浆,在下套管过程中若出现井漏,应及时向井内补充泥浆,保持井内泥浆液面高度来稳定井眼,并根据漏失程度及下套管情况决定是否拔套管。

⑪所用各种类型套管,与之相连接的工具、附件扣型应与套管相符,强度性能不低于对应段套管,通径大于等于套管通径,所有入井工具(包括套管)必须使用标准尺寸的通径规

通径。

⑫下套管时,掏空深度必须考虑浮鞋、浮箍的强度,避免损坏。

7.6.5　各开次固井作业要求

（1）一开套管固井

①保证水泥与地层和套管的胶结质量,水泥浆量应按实际钻进情况计算执行,要保证地面至少有 $2\sim3~m^3$ 的纯水泥浆返出。

②防止地层垮塌造成事故,根据钻进时的最大壁面剪切应力设计水泥浆的环空返速,原则是水泥浆的壁面剪切应力必须小于钻进时的最大壁面剪切应力。

③保证入井水泥浆密度符合设计要求。入井水泥浆密度应按设计要求执行。

④在固井替浆时,应计算准确,严禁出现替空现象。

（2）二开套管固井

二开固井难度较大,为提高固井质量,除执行固井常规措施外,还要严格按要求做好水泥浆性能试验,严格控制好稠化时间。应提前做好水泥性能试验,保证水泥浆在固井时的可靠性和施工安全性。

①固井前,检查好套管吊卡销子是否活动。

②优化钻井液的性能,尽量保证井壁稳定;减薄泥饼的厚度,尤其是所形成的泥饼要薄而致密;以及合适的泥浆黏度,减小钻井液的失水量。

③注水泥浆前应进行有效的钻井液循环。

④固井施工过程中,掌控好从开始吹灰搅拌至替浆结束的时间,不能出现超过其水泥浆初凝时间,否则易出现"倒插旗"现象。

⑤固井前,可以适当地增加钻井液的相对密度,这样可以减少在固井替浆过程中的泵压,防止因泵压过大而压裂地层造成井漏。

⑥加入适量的缓凝剂,保证注水泥施工过程中不出现环空憋堵的问题。

7.7　常见井内事故预防与处理

7.7.1　井漏判断及处理

（1）井漏的判断

①泥浆池液面下降。

②井口进多出少,严重时不返钻井液。

③钻进中钻速突然变快或钻具放空,泵压下降。

（2）井漏常用处理方法

一般来讲，当漏失量大于 5 m³/h 时，可判定为严重漏失。此时应立即组织强行起钻，大排量连续灌钻井液，起出钻具后根据井漏情况制订堵漏措施。下钻堵漏前应做好防卡和堵漏材料准备，然后针对不同漏失情况采取不同的堵漏方法。

①对渗透性漏失可采用适当降低钻井液密度，减少排量，加入聚合物、CMC、单向压力封闭剂等添加剂，提高钻井液黏度，降低泥浆失水量。

②如判定是裂缝、断层漏失，必须用堵漏材料处理，按漏失速度不同可注入谷壳、锯末、棉子皮、贝壳粉、黏土块（因地制宜、就地取材）或注入胶质水泥、石灰乳进行堵漏。

③如判定是溶洞性漏失，一般要先用泥球充填后，再用速凝水泥堵漏或采取只进不出的办法强穿漏层，然后下套管封漏。

④无论用什么方法堵漏，都要以防止卡钻为前提，因为井漏造成钻井液液面下降，会使上部松软地层坍塌卡钻。

7.7.2　键槽卡钻特点、预防及处理

（1）键槽卡钻特点

①卡钻前，下钻畅通无阻；起钻进遇卡位置比较固定，钻具常有偏磨现象；上提遇卡时钻具能下放、能转动，但起不出来。

②能循环且泵压正常，卡钻后开泵也不困难，循环泵压正常。

（2）预防措施

①保证井身质量，避免出现急转弯井段。

②使用高效钻头，提高钻进速度，减少起下钻次数，在未形成键槽时完钻。

③井内全角变化率大的井段应经常划眼，及时破坏键槽。

④起钻至键槽井段应低速提起，注意观察指重表，严禁高速拔死。

⑤合理选择钻具结构，尽可能使用破槽器、震击器。

（3）处理措施

①一般性卡钻，可下砸钻具解卡；然后转动不同方位上提或稍提拉力猛挂转盘使钻具晃动跳出键槽。

②严重卡钻时，应先循环处理好钻井液，然后尽量从键槽处倒开起出钻具。再下钻杆带键槽破坏器和下击器，对好扣，下击解卡，然后利用键槽破坏器破坏键槽起出钻具。

7.7.3　侧压力黏吸卡钻预防及处理

（1）侧压力黏吸卡钻的预防措施

①采用具有良好防卡性能的钻井液，尽可能地降低黏度和失水量，减小磨阻系数，增强泥饼的可压缩性。

②采用近平衡压力钻井。

③在钻井液中加入原油、无荧光润滑剂、石墨粉,或加入减小摩擦的塑料、玻璃微珠及表面活性剂等,降低泥饼的黏滞系数。

④及时活动钻具。

⑤控制好井身质量。

⑥遇特殊情况不能正常活动钻具时,要下压悬重(钻进中)或用气葫芦拉转盘链条等方法预防黏卡。

(2)侧压力黏吸卡钻的处理方法

①黏卡初期,在安全的前提下,大力活动钻具(以下砸为主),力求解卡。

②采用低黏度无固相钻井液处理,钻井液黏度在20 s左右,开泵循环至泥浆返至地面,进行大力活动钻具,力求解卡。

③用地面震击器进行解卡。

④若上述方法无效,应加大排量进行泥浆循环,处理好钻井液性能,搞好净化,拉准卡点,计算好泡解卡剂数量,准备注解卡剂、原油(柴油)、酸(适用于石灰岩地层)浸泡解卡。

⑤必要时进行套铣倒扣或爆炸松扣填井侧钻。

7.7.4 沉砂卡钻的预防处理

(1)沉砂卡钻的预防措施

①保证循环系统、净化系统正常,适当增加泵排量。

②尽量缩短停泵时间。

③发现有沉砂现象,应控制钻速,调整钻井液性能或停钻并大排量循环,正常后再恢复钻进。

④下部地层掉块严重,井径较大时,应配制携带性能好的高黏度钻井液,带出掉块或形成新井壁,并禁止在此井段开泵划眼。

⑤起下钻遇阻卡不能强拉硬砸,应尽快组织循环和活动钻具。当循环失灵,井口不返钻井液时要立即停泵放回水使堆积的沉砂松动,并活动钻具,起出后再划眼通井。

⑥当发现有沉砂现象时,适当提高钻井液的黏度和切力,以增加悬浮岩屑、携带岩屑的能力。

(2)沉砂卡钻的处理方法

一旦沉砂卡钻卡死后,只有套铣倒扣或爆炸松扣,当下部被卡钻具难以套铣或震击无效时,则填井侧钻,处理的方式方法要以安全和经济损失最小为原则。

7.8　地热井钻探施工安全管理

7.8.1　日常安全管理要点

地热井钻探施工所用设备庞大,机具类型较多,施工人员多且需要相互配合。因此,加强日常性安全管理非常重要。

(1)健全安全管理体系

从项目经理至每一位员工,要形成"专管成线,群管成网"的安全管理网络。

(2)健全安全管理制度

从上至下的每一位员工、每一个岗位、每一个部门,均应有岗位安全责任制。

(3)制订一系列安全预防措施

针对地热井施工特点,制订相应的预防控制措施。如井控措施、防火措施、防漏电措施、防机械伤人措施等。

(4)编制应急预案

除编制常规的安全应急预案外,还应编制"井喷失控应急预案""H_2S 中毒应急预案"等专项预案。

(5)加强安全教育和安全应急演练

通过多种形式加强安全教育宣传,不定时地开展安全应急演练活动。

7.8.2　井控安全

地热钻探施工过程中,有可能发生井喷事故,所以井控安全是地热钻探施工中最重要的环节之一。

(1)井控设备选择

根据重庆地区地热井常用井身结构,各开次井口装置如图 7.2 所示。

第一次开钻 339.7 mm 导管。

第二次开钻 TF 13 $\frac{3}{8}$ × 9 $\frac{5}{8}$ × 7 ~ 35 双闸板井口装置 + 防溢管。四通两边各接 35 MPa 闸门 1 只,并配备观察压力表。

第三次开钻沿用第二次开钻井口。

全套井控装置应在井控装配厂用清水按规定试压合格后送往井场,安装完毕后试压,稳压 10 min、降压不大于 0.7MPa 为合格。

(2)井控技术措施

①钻开热水层前,按要求储备 1.0 ~ 1.5 倍井筒容积、密度增值 0.10 ~ 0.30 g/cm^3 的钻

井液。加重剂的储备量按设计要求准备。

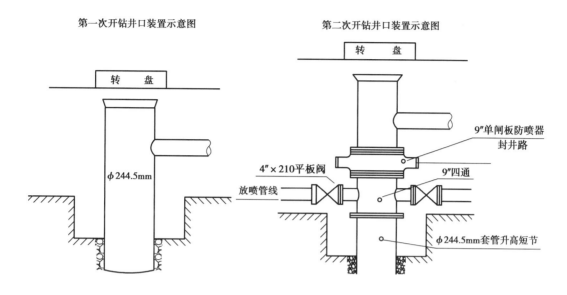

图 7.2 井口装置示意图

②进入高压水层前 30 ~ 50 m,根据预告的地层压力,及时调整好钻井液的密度和性能。

③现场施工人员要求进行井控防喷演习,并达到要求。

④发生溢流后,应根据关井压力,尽快在井口、地层和套管安全条件下控制回压压井,待井内平稳后方可恢复钻进。

⑤关井压力不得超过井口装置的工作压力。

⑥在产水层中钻进时,若遇 H_2S 显示,应搞好 H_2S 的安全防护准备工作。配备齐全的防毒面具及便携式 H_2S 监视器,杜绝 H_2S 中毒、大气污染事故发生。钻进中发现 H_2S 气侵应尽快压稳,并及时在钻井液中加入除硫剂和缓蚀剂,井场还应配备检测含硫量设备和配套的检测方法,当钻井液含硫量超过 0.02 mg/m^3 时,岗位人员应戴好防毒面具操作,医务人员应到现场值班。

⑦井场所有电器设备的铺设与安装应符合有关井控、安全要求,井场区的室外照明应安装防爆灯。电源线不准使用裸线,夜间必须有足够的探照灯。

⑧在井架、井场、防护室等地设置风向标,一旦发生紧急情况,现场人员可向上风方向疏散。

⑨进入二开后,必须在钻具组合中接近钻头的位置加接回压阀。

(3)完井井口装置

地热井施工完成后,如水量、水温等符合后期开发利用要求,或需要长期观测的井眼,应采用简易 KQ-350 采水井口,并进行防腐处理,如图 7.3(a)所示。如达不到开发利用条件,则在井眼中打入水泥塞、焊置钢盲板封盖井口,如图 7.3(b)所示。

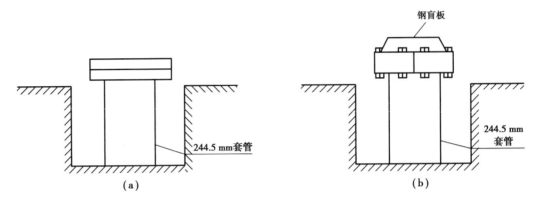

图 7.3　完井井口装置示意图

7.9　HSE 管理

HSE 管理体系指的是健康(Health)、安全(Safety)和环境(Environment)三位一体的管理体系。20 世纪 90 年代,石油和天然气勘探行业开始建立职业健康安全与环保管理制度,作为企业自律的约束行为准则。现行较为成熟的 HSE 管理体系,是石油和天然气勘探行业多年的经验积累成果。地热地质钻探相比石油天然气勘探,虽然在钻井深度、现场规模、行业标准、钻进工艺上有一定差别,但是,其使用的机型、管理方式和安全问题,仍然有很多相同或相似之处。所以,在地热地质钻探施工管理中推行 HSE 管理很有必要。要推行 HSE 管理,应健全组织机构,由专门机构负责此项工作,并精心编制 HSE 建设标准。标准的内容应包括:

①建立 HSE 管理体系,层层分解目标。

②明确各部门、各岗位责任制,层层签订责任状。

③形成 HSE 管理体系的系列文件,并能有效控制。

④加强员工培训,增强员工意识。

⑤对危险源的识别及风险评价、整改。建立评价方法和程序,明确评价对象,确定危害和事故的影响因素,选择判别标准,做好记录,建立详细的目标和量化指标。建立"危险源清单",根据清单进行生产过程中的隐患评估和整改。

⑥建立应急准备和响应机制。

⑦建立标准化施工现场,对施工现场每一个环节均应制订标准,并严格按标准检查验收。

⑧实行标准化操作机制。从设备安装、钻进成井至设备撤场的全过程,均应制订各工序的操作标准。

7.10 岩屑录井与编录

在钻井过程中,要及时、准确地进行岩屑录井,进入热储盖层之前,每 4 m 取岩屑样 1 件。进入热储地层,每 2 m 取岩屑样 1 件。若遇特殊层位,如标志层、矿层、断层等应加密取样 1 件,准确记录采样井深(划分地层岩性),并将岩屑样装入岩屑箱内保存,岩屑装箱编录如图 7.4 所示。

图 7.4 岩屑装箱编录

编录时,必须仔细记录其岩石成分,并记录不同岩石成分中岩屑所占比例以及随钻进深度的变化,准确判断地层的岩石名称、层位变化的深度,保留有代表性的岩屑样品。

7.11 简易水文观测

与岩屑采样同步观测井口钻井液颜色、稠度变化及漏失量,并做好观测记录。详细记录钻探过程中发生的如漏水、涌砂、漏浆、逸气、卡钻、掉块、钻时变化等异常现象的井深、岩性和层位。水温观测与岩屑录井同步进行,每 2 m 观测记录一次;钻时录井,每 2 m 作一次钻时记录,为判断出热水井段等提供依据。

迟到时间测定:0~100 m 井段,由于井较浅,一般通过水泵的排量和井内容积进行理论计算,注意利用快钻时及特殊岩性校正迟到时间。100 m~井底段,由于井眼内泥浆循环阻力影响因素较多,应每隔 100 m 实测一次。通常采用在井口投入指示剂来测定泥浆循环时间。

钻井液消耗量观测(液面录井):钻井过程中可每 2 m 观测记录一次钻井液箱液面的升降变化。注意区分正常(加水、添加剂、除砂和钻井容积增加等引起的)变化和异常(地质因素引起的)变化。遇钻井液箱液面下降异常变化时,应首先注意检查循环系统有无漏失,遇地质因素引起液面异常升降时,应加密观测次数,正确判断水异常层,准确记录各种参数,并做出变化曲线图。

钻井液温度观测(井液温度录井):钻井液温度测量间距要求与岩屑录井间距一致,每 2 m 观测一次,有异常变化时加密观测次数,并在观测井温时,同时观测进口温度、出口温度和大气温度且准确记录,然后做出变化曲线图。

7.12　洗　井

地热井施工周期长,全孔段均采用泥浆钻进。一开、二开均采用全套管封隔,泥浆及岩屑极易进入底部的含水层(热储层),封堵热水进入井内的通道,减小出水量。因此终孔后采取一定措施洗井非常有必要。

地热井的洗井应根据热储渗透条件及埋深、孔内情况,采用适宜的机械或化学方法,清除孔内热储层段井壁的泥浆、岩屑、岩粉等堵塞物,达到物体中悬浮物含量小于 1/20 000(质量比),使流体产量与压力下降保持相对稳定。目前国内常用的洗井方法主要有冲孔捞砂洗井、压缩空气洗井、焦磷酸钠洗井、液态二氧化碳洗井、酸洗井等。酸洗井问题将在后面章节介绍,这里不再赘述。以下针对压缩空气洗井、焦磷酸钠洗井和液态二氧化碳洗井作简要介绍。

7.12.1　压缩空气洗井

(1)压缩空气正循环洗井

将 ϕ73 mm 风管下到孔内一定深度,压缩空气冲出风管时,迅速与孔内液体混合形成气泡,使得三相混合物的密度降低,在风管出口处形成低压区。气泡在上升过程中,由于孔内压力的作用而逐渐减小,继而又继续膨胀,其膨胀功能转化为动能而使孔内液柱向上运动,从而携带孔内岩屑至孔外,达到洗井的目的,其原理如图 7.5 所示。

(2)压缩空气反循环洗井

洗井机具由风管和出水管组成,一般采用并列式安装方式。压缩空气经风管流到出水管一定深度时,与出水管内的液体混合,在出水管内形成负压,使得出水管内的液体向上运动,下部的泥砂及岩屑随即进入出水管内,形成气、液、固三相混合物,一同排出孔外,其洗井机理与压缩空气正循环相似,如图 7.6 所示。

(3)空压机选择

无论是用正循环还是反循环洗井,其空压机型号的选择都是关键。必须根据井的深度

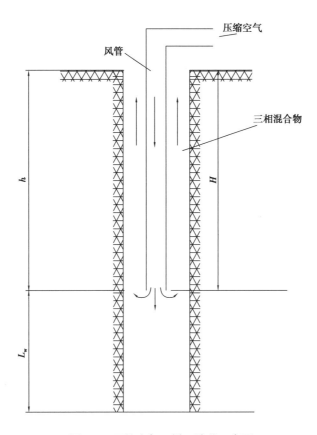

图 7.5 压缩空气正循环洗井示意图

和预计下入风管的深度,选择合适的空压机,压力和供风量是空压机的两个最重要参数。

①空压机压力 P。参照气举反循环钻进的相关公式,选择空压机压力:

$$P \geqslant \frac{Hr_h}{10} \times 10^{-1} + \Delta p$$

式中　P——空压机压力,MPa;

　　　H——混合器没入深度(出风口至井口高度),m;

　　　r_h——冲洗液密度,N/m³;

　　　Δp——压气管道的损失,MPa,一般取 $(4 \sim 10) \times 10^{-2}$ MPa。

无论是正反循环均可采用此公式选择。

②空压机供风量 Q 与冲洗液上返流速 V。

$$Q = (2 \sim 2.5)d^2V$$

式中　Q——空压机供风量,m³;

　　　d——冲洗液上返通道直径,m;

　　　V——冲洗液上返最低流速,m/s。

由此可以看出,冲洗液上返速度与供风量成正比,与冲洗液上返通道直径的平方成反比。要取得好的排渣效果,必须增大冲洗液上返速度,即要增大空压机供风量和减小冲洗液上返通道。用同样的空压机,正循环洗井时,由于用钻孔作冲洗液上返通道,其直径较大,上返流速低;而且地热井钻孔经过几次变径,下小上大,冲洗液越往上其流速越慢,大颗粒岩屑越容易在变径处因流速变缓而悬浮停滞,当供风停止后即下沉至孔底,很难将其排出。反循环洗井时,冲洗液上返通道较小,而且上下口径一致,其流速均匀,则能有效避免大颗粒岩屑悬浮停滞,其洗井效果比正循环好。

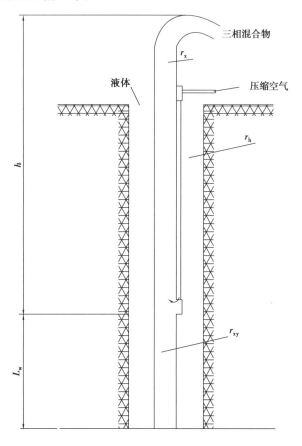

图 7.6　压缩空气反循环洗井示意图

7.12.2　焦磷酸钠洗井

焦磷酸钠洗井的方法是将浓度为 0.6% ~ 0.8% 的焦磷酸钠溶液,用钻杆送入含水层井段,上下串动钻杆,使其均匀渗入含水层中,静待反映时间 4 ~ 8 h 后,再用活塞在井内上下串动抽拉适当时间,最后用清水冲洗钻孔,或用压缩空气洗井,将井内泥浆排出井外。

地热洗井一般采用工业用焦磷酸钠($Na_4P_2O_7$)。焦磷酸钠呈白色粉末,易溶解于水,溶水后呈弱碱性,有强烈的洗涤作用,能与泥浆中的 Ca^{2+}、Mg^{2+} 等离子进行络合作用,形成水溶性络离子,使井壁泥皮松软膨胀,减弱泥皮间的黏合力,逐渐分散成为悬浮体,并且不再与其他离子化合沉淀。泥浆在冲洗液冲涮及空压机的压缩空气反复振荡作用下,极易被排出井外。

焦磷酸钠洗井工艺较为简单,便于现场操作,是一种较为常见的洗井方法。但是,使用中应注意防止泥浆外泄对环境造成污染,应有防止污染的措施。在后期用清水冲洗和空压机冲洗时,注意防止井壁坍塌。

7.12.3　液态二氧化碳洗井

二氧化碳在常温常压下是一种无色无味的气体,但是在常温下加压到 $5\sim7$ MPa 即成为液态。洗井只能用这种呈现液态的二氧化碳,故称"液态二氧化碳"。其洗井机理主要是利用液态二氧化碳在由液态转变为气态的过程中能量的转换,在井内水柱中膨胀、冲击、振荡并发生井喷,最后在水柱中形成负压,抽吸出裂隙中的泥浆和岩屑,随同井喷带出井外。国内外针对其方法、机理的探讨较多,这里不再赘述。

市售液态二氧化碳一般是装在特制的钢瓶内,压力一般为 $5\sim7$ MPa。使用时,需将多个装有液态二氧化碳的钢瓶接入同一管汇内,再将管汇总接口连接钻杆,钻杆下入井内一定深度,一般是含水层井段。作好准备工作后,先缓慢打开各钢瓶阀门,再快速打开总阀门,井内即开始振荡,随后发生井喷。应根据井深、井内冲洗液浓度、井径大小等确定二氧化碳用量。用量太少不能发生井喷,也就不能排出岩屑。用量太大不但造成浪费,而且井喷猛烈,应注意安全防范。

由于液态二氧化碳的压力有限,一般只适合应用于井深小于 300 m 的浅井,或用于深井辅助洗井、深井的浅井段洗井等。

液态二氧化碳洗井安装如图 7.7 所示。

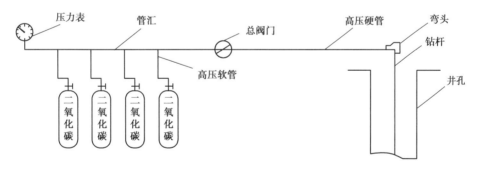

图 7.7　液态二氧化碳洗井安装示意图

7.13　抽(放)水试验与水样采集

7.13.1　抽(放)水试验

钻井涌水时,井口应安装相应的管材(压力表和出水管接阀门及流量表或三角堰),钻井不涌水时,应下入深井潜水泵 4″测管作测水位用,在出水管井口处连接前阀门的 4″回水管

（便于 3 个落程的抽水试验）。

每次抽（放）水试验均进行 3 个降深,由最大降深到小降深稳定延续时间分别为 48 h、8 h、8 h,用以确定流量与水位降低的关系,取得含水层渗透系数、给水度、弹性释水系数和压力传导系数。

每次抽（放）水试验中应同时观测地热水对周边地质环境、水环境的影响,注意观测水压（水位）、水温、水量、气温等。

抽（放）水试验一般要求如下。

①单井抽水试验一般做 3 个落程,稳定延续时间 8 ~ 15 h,用以确定流量与水位降低的关系,概略地取得含水层的渗透系数、给水度、弹性释水系数和压力传导系数。直接从孔口测量水位时,应同时测量孔内水温,以换算成相同密度的水位（压力）值。计算孔内某点压力公式为

$$P = h \cdot \rho$$

式中　　h——水位高度,m;

　　　　ρ——泥浆密度,kg/m³。

②抽（放）水试验中各个降深间距不小于 1 m,水量采用三角堰或矩形堰测量,读数精确到毫米;水温采用缓变温度计,读数精确到 0.5 ℃;抽水时水位采用测绳测量,读数精确到 0.01 m,放水时,则读取水压力表数据,读数精确到 0.001 MPa。

③每次抽（放）水试验资料要及时进行分析、整理,并绘制 q-s 及 Q-s 曲线图。

7.13.2　水样采集

在每个水期的抽（放）水试验中均应进行一次水样采集以进行全分析检测,水样采集时间为最大降深抽（放）水试验结束前半小时。

7.14　地热钻探新技术

7.14.1　定向钻进

根据重庆地区的地层和井深特点,定向井轨道参照《定向井轨道设计与轨迹计算》（SY/T 5435—2012）标准进行计算,一般采用二维轨道设计中的三段轨道模型,即"直-增-稳"型轨道。从造斜点开始,以井深为自变量,设计基本参数。

1）定向井轨迹设计

定向井轨迹设计基本参数如下。

①井口坐标和靶点坐标。

②定向方位（°）和水平位移量（m）。

③靶点垂深(m)和靶点斜深(m)。

④靶区半径(m)及靶心距(m)。

⑤开窗口位置(直井井深,m)。

⑥定向终结层位(地层)。

⑦确定造斜井段、增斜井段、稳斜井段。

在确定基本参数后,按每 50 m 井段计算出井斜、方位、垂深、视平移、闭合距、狗腿度等基本数据,作出其三维立体轨迹和水平投影图,如图 7.8、图 7.9 所示。

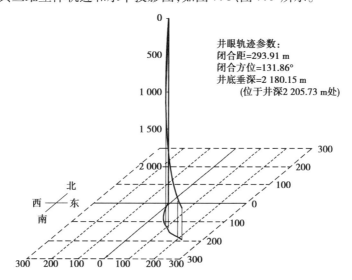

图 7.8　某定向井井眼轨迹三维立体图

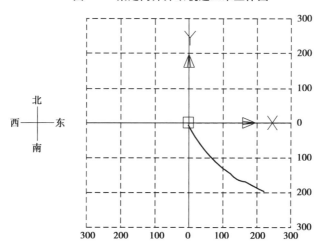

图 7.9　某地热井井眼轨迹水平投影图

2)井眼轨迹控制措施

(1)直井段

井段为 ϕ311.15 mm 井眼段,施工井段长一般在 400 m 以内,加强防斜。为了防止井斜超标造成定向造斜施工难度大,保证定向造斜和后续施工顺利,本井段施工的关键是防斜打直,做好防碰工作。

主要技术措施如下:

①校正天车、转盘、井口位置,使它们在同一直线上,最大偏差不大于 10 mm,转盘必须找正、找平、固牢。

②开钻时采用常规塔式钻具组合,且尽量选用较大尺寸钻铤。

③开钻时必须吊打 50 m 以上。

④每钻进 50 测一次单点,以便及时掌握井斜变化情况,发现井斜超标及时采取措施防止井斜增加。

⑤钻达设计造斜点时要投测多点,取全取准直井段井斜、方位数据,作好井身轨迹图,根据实际情况调整待钻剖面,为定向造斜做好准备。同时需充分循环泥浆,保持良好的泥浆性能,确保井眼畅通无阻,以利于动力钻具的顺利下入。

(2)造斜段

①造斜点及造斜方法。按照设计,钻至预定井深时开始定向造斜。一般采用单弯螺杆钻进,可通过有线 MWD 进行跟踪监测。

为了保证造斜顺利施工,直井段要控制井斜钻进,造斜钻进时需要选用具有较强侧向切削能力的高效钻头进行定向造斜来提高钻进效率。

②方位及井斜的确定。转盘钻增斜钻进时,方位更易漂移,且有时增斜困难,对下步井眼轨迹控制不利;但想要完全稳斜同样困难,下入微增斜钻具组合钻进,可以减少起下钻次数,有利于稳斜段井眼轨迹的控制。

③造斜率的确定。造斜井段造斜率的大小,对定向井施工有较大影响。若造斜率过高,可能导致起下钻困难,甚至影响电测井、下套管等作业,而造斜率的大小是由造斜工具的造斜能力决定的。

④钻头选型。由于螺杆钻具转速较高,首先应考虑能在高转速条件下工作的钻头类型,如新型优质的 PDC 钻头便能满足施工要求。

⑤钻井参数。根据钻头类型及螺杆钻具特性,同时结合造斜钻进需要确定钻井参数。

(3)定向钻进常用机具

地热井定向钻进常用机具主要是螺杆钻具系统,其组合机具见表7.8。

(4)定向井施工注意事项

①严格按照设计要求施工,各段钻具组合和钻井参数应根据实钻井眼轨迹需要,现场合理选配,以有效控制井眼轨迹为目的。

②动力钻具组合下井,严禁划眼和悬空处理钻井液,遇阻应起钻通井,避免划出新眼;该组合钻具下井必须双钳紧扣,控制下放速度,盖好井口,严防掉落物而影响施工;若摩阻过大时,应短程起下钻;若井下情况复杂,需要进行通井和划眼时,原则上采用上一套钻具结构,若实际情况必须改变钻具结构时,该钻具的刚性必须小于上套钻具的刚性,且有正、倒划眼

能力;起钻或接单根时不得用转盘卸扣。

表 7.8　定向钻进主要设备仪器配置表

序号	名　称	规格型号	单位	数量
1	有线随钻测斜仪	YST-48R	套	1
2	机械式 MWD	—	套	1
3	电子多点测斜仪	EMS-32	套	1
4	无磁钻铤	$\phi159 \times 9.4$ m	根	2
5	短钻铤	$\phi159$	根	2
6	螺杆钻具	5LZ165-7Y	根	5
8	MWD 短节	扣型 431×4A10	根	2
9	定向接头	扣型 4A11×4A10	只	2
10	稳定器	$\phi215$ mm	只	3

③造斜钻进时随时监测井斜、方位,严格控制井身轨迹,发现井斜方位变化幅度异常或钻穿地层交界面及复杂地层时,应加密测点,及时采取措施,防止方位漂移造成井身轨迹偏离设计线太多而出靶。

④稳斜段钻进应准确控制井眼轨迹,加强钻具组合的造斜性能分析,加强井眼轨迹的随钻监测,以便及时调整钻井参数和钻具组合,运用计算机仿真技术锁定目标钻进,确保精确中靶。

⑤在稳斜段,如果井斜、方位难以控制,可以考虑采用复合钻和滑动钻的方法来调整控制井斜、方位,实现连续控制井眼轨迹,确保精确中靶。

⑥钻井时(除特殊要求外)钻具在裸眼内静止时间不得超过 3 min,上提、下放钻具活动距离不低于 2 m。

⑦钻井液要具备良好的悬浮稳定性、流变性、润滑性,防止黏附、沉砂等卡钻。

⑧防止井口和钻具内落物,下钻时把每根立柱底部清理干净。

⑨定向钻进时不许转动转盘,接单根时不得转盘卸扣,动作要迅速,活动钻具要及时,除测量外,钻具在井内静止时间不能超过 3 min。

⑩钻进时,井下正常情况下,严禁钻具猛提猛放,预防仪器传输错误信号。

⑪钻台上打扫卫生时应注意保护司钻阅读器、立管传感器及传输电缆,防止溅水、磕碰而损坏仪器。

7.14.2　尾管悬挂技术

在地热井施工中,经常遇到二开固井后,在钻进目的层位时,仍然出现断层、垮塌、坍塌地层。如果不能有效封隔该井段,后期开发利用时可能因坍塌而导致热储层淤塞,对地热井的水量、水温造成极大影响,严重时有可能造成全井报废。因此,应根据井深、井径,结合地层地质情况,正确选择处理方案,达到经济实惠、行之有效的目的。在井深较深时,如果全孔下套管封隔,成本高,安全风险大,使用液压尾管悬挂器是较好选择。

1)液压尾管悬挂器的作用及工作原理

液压尾管悬挂器是能够将尾管悬挂在上层套管柱的井下工具,其作用原理是通过尾管悬挂器实现尾管固井,减少深井一次下井的套管重量,改善下套管时钻机提升系统负荷,降低注替水泥浆流动阻力,有利于安全施工。通过尾管回接,可以解决因上层套管磨损而影响钻井作业的问题;使用尾管悬挂固井技术,还可减少套管用量,节约钻井成本。使用时,计算好井深,将尾管悬挂器连接尾管串下至坐挂位置,从井口投入憋压球至憋压支承座,再从井口憋压,在管内和管外形成压差,推动活塞下行剪断液缸剪钉,带动卡瓦沿锥体上行贴近上层套管内壁,再下放管柱使卡瓦牙卡在上层套管壁上,实现尾管悬挂。尾管悬挂器及相关配套机具如图7.10—图7.13所示。

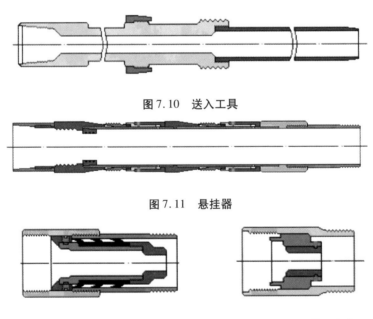

图7.10　送入工具

图7.11　悬挂器

图7.12　胶塞短节　　　　　图7.13　碰压总成

2)使用条件及注意事项

液压尾管悬挂器因其特殊的结构和工作原理,对井下工况有一定的要求,在实际使用时应引起注意。一是使用井段井眼要畅通,能保证尾管与悬挂器顺利下入预定井位。二是悬挂器的挂点位置要避开上层套管的接箍。三是上层套管上下10 m范围内管壁要清洁,无硬质黏附物,套管无变形损伤,且内径小于悬挂器卡瓦2 mm以上。四是井内泥浆清洁,悬浮力强,静止状态不易发生加重剂沉淀。

7.14.3 酸化洗井技术

1)酸化洗井概述

在地热勘查工作中会出现钻进水量偏小,未达到预期目标的情况,造成钻井的使用价值不高,同时钻井在长期使用后也会出现水量逐渐减小的现象,如不采用相应的技术处理,则会出现钻井价值降低或者钻井报废的情况。重庆主城区地热水井的热储层多为三叠系嘉陵江组灰岩,在渝东南有寒武纪石灰岩,在渝东北及巴南区丰盛场镇有二叠系茅口组、栖霞组(阳新灰岩)分布。利用盐酸与碳酸盐中钙、镁离子易发生化学反应的特性,适合采用盐酸洗井。在九龙坡区石板镇地热勘查项目、江津区双福镇地热勘查项目、南川区金佛山西坡地热井处理、巴南区丰盛场背斜地热勘查项目中使用均取得明显的效果。

酸化洗井是将某种酸液压入井内含水层井段,与含水层中的盐类物质发生化学反应,使部分盐类物质溶解,达到扩大含水层孔隙,疏通含水层水流通道,降低含水层的水流阻力,增加出水量的目的。酸化洗井主要适用于碳酸盐热储地层,如石灰岩、白云岩等地层。

酸化洗井的方法是将酸溶液通过压裂车,以一定的压力灌入含水地层的井段,经过浸泡,对盐类溶解,再进行清水洗井。酸处理需结合一般的泵循环清水洗井或压缩空气洗井,结合二氧化碳洗井后效果会更好。

酸化洗井工作流程:场地改造(污水池清理)→井口改造→管线改造→通井→下酸化管柱至预定井深→酸化准备→注水→注酸→关井→注酸→挤酸→候酸反应(候酸反应40 min)→放喷(打开放喷管线放喷)→循环排残酸→起酸化管柱→通井→抽水试验。

2)前期论证

酸化洗井需要压力车和具强腐蚀性的盐酸,以及需要准备较大的储水池等,成本较高,一般是针对出水量小而又极具开发潜力的地热井进行的增大出水量的措施,并不是每口地热井都需要进行的。因此,在决定进行酸化洗井之前,必须做好技术论证工作。

技术论证工作应根据钻井揭露的地层、构造情况,钻进过程中的水文地质观测等资料,结合物探测井,找准热储层井段和厚度,综合判断热储层裂隙发育情况,分析论证酸化洗井后水量增大的可能性,定性分析其性价比。如有类似地层的成功案例,应进行对比分析论证。

3)酸化井段的选择

根据钻进过程中钻速、冲洗液漏失量、物探测井资料、岩屑编录等资料,进行酸化井段确定,并算出井段长度和下钻深度。

4)酸化设备及机具

(1)钻机

如钻井用的钻机未撤场,可以利用现有的钻机。如施工钻机已撤场,或是对旧井进行处理,则应认真选择合适的钻机。酸化洗井结束后,必须进行全孔通井,要根据完井深度计算钻具组合的重量,钻机的最大承载负荷应与钻具组合重量匹配。

(2)专用注酸设备:酸化洗井特种作业在注酸、挤酸施工中,由于作业特殊,施工罐装必须具备较高的施工泵压、良好的防腐性能和符合安全性原则,注入盐酸需高压注酸罐车1台。

(3)外接注酸端口接头

正常实施钻井作业的循环管线,没有外接注酸端口接头。酸化洗井在注酸施工作业时需外接注酸接口以及高压防喷管线,还需加高压注酸三通接头。

(4)钻杆和油管

由于酸化洗井为20%左右浓度的盐酸,而高浓度盐酸会对常规钻具造成较大的腐蚀性,因此需专用酸化管柱(细扣),一般常用 $2^7/8$ 酸化管柱(油管)。

(5)防护设备和仪器

由于酸化洗井的特殊性,酸液可能与含硫矿物发生反应产生硫化氢气体,因此需要进行必要的防腐和防护措施,为保证施工安全和施工作业顺利进行,酸化洗井前每个作业人员要准备好必要的安全防护用品,如防腐服装、防腐鞋、防毒面具、护目镜等。现场应有相应的专用检测仪器,如空气呼吸器、硫化氢检测仪等。

5)酸化前准备工作

由于酸化洗井施工是一种特种作业的过程,其施工各环节要求非常严格,尤其是环保、防井喷、注酸过程、各管线压力、作业人员防护、废酸及污水善后处理等环节的工作极其重要。因此,酸化洗井作业须按酸化工艺进行相关工作。

(1)场地改造

钻井过程中,岩屑及淤泥会填满污水池和循环沉淀池,但容积相对较小,酸化后由于盐酸与地层反应、互串等,循环至地面后会造成大量残酸废液,需对污水池进行清理及增大污水处理容积,污水池有效容积应大于 300 m^3。

(2)井口改造

酸化洗井需关井注酸、挤酸、待酸反应以及后期放喷等作业措施,要求井口具备较高的承压能力(井口承压能力需达到 15 MPa)。现有井口装置不能满足井口要求,需对井口装置进行改造,井口改造需购置升高短节、平板阀等材料和租赁防喷器。

(3)管线改造

酸化洗井在注酸施工作业时需外接注酸接口,而井场现有设备仅有正常实施钻井作业的循环管线,没有外接注酸端接口。根据酸化施工作业需要,需要配备高压管汇架和高压软管线。

(4)(酸化前)通井

酸化为特种作业施工,酸化洗井前要确保井眼畅通,确保酸化施工安全、有效。在酸化洗井前,需进行一次通井作业以达到井眼畅通和排除井底沉砂的目的,确保酸化洗井安全、有效。

（5）设备运转调试

酸化作业前,检查设备动力系统、循环系统、提升系统等,确保能够安全、顺利完成施工作业。

6）用酸量计算

根据酸化管柱下入深度和有效酸化井段长度计算,其体积 V 为

$$V = V_1 + V_2$$
$$V_1 = d_1 2 H_1$$
$$V_2 = k d_2 2 H_2$$

式中　V——总体积,m^3;

　　V_1——酸化管柱有效容积,m^3;

　　V_2——酸化井段井眼体积,m^3;

　　k——井眼扩大系数,一般取 $1.1 \sim 1.2$,岩层坚硬取小值,反之取大值;

　　d_1——酸化管柱内径,60 mm;

　　H_1——酸化管柱长度,m;

　　d_2——酸化洗井段内径,152.4 mm;

　　H_2——洗井段有效长度,m。

根据上述公式计算出酸化管柱内容积、酸化有效井段容积。在注酸、挤酸过程中,盐酸的消耗量一般按酸化有效井段容积体积1∶1计算。

7）酸化施工步骤

①将酸化管柱下至预定的井深。

②根据设计量准备浓度 20% 左右的盐酸。

③注酸前循环试运转设备,确保设备的正常运行。

④调试好后,注入 2 m^3 前置液后开始注酸,注酸 4 m^3 后,关井继续挤入地面全部盐酸。

⑤注酸结束后,关闭罐车注酸闸阀,打开泥浆泵闸阀,用泥浆泵替浆挤酸,按设计量顶替20 m^3 循环液,停泵(施工过程中,注意立管压力表的读数,在安全压力条件下施工)。

⑥挤酸作业结束后停泵,40 min 候酸反应,40 min 后打开放喷管线进行放喷。

⑦打开防喷器,开始循环泥浆替浆、排残酸(若在循环过程中出现井喷情况,关闭防喷器、打开闸门进行循环直至放喷结束)。

⑧待循环排除井内残酸和杂质后,再循环 $1 \sim 2$ 个周期,并测定 pH 值变化情况,直至正常。

⑨在放喷和循环过程中,在泥浆罐(污水池)内预先放置一定量的生石灰,待放喷和排酸至泥浆罐内进行酸碱中和;同时,在循环沟槽内均匀撒放生石灰中和。

⑩进行 pH 值测试。注酸前进行 pH 值测试,注酸后在放喷和循环排酸时勤观测 pH 值,边测定边加入适量的生石灰中和,直至 pH 值和注酸前相同。

⑪循环结束。

8）起酸化管柱和通井作业

起出酸化管柱,然后恢复地面流程。下钻通井,排除井段下部裸眼段沉砂和下段可能产生的混酸。下至酸化井段后,应注意观测指重表悬重以及遇阻情况,在裸眼井段要分段循环泥浆,下钻到底后,循环排除井底沉砂和下段混浆,循环结束后,起钻。

9）酸化洗井安全措施

①编制安全应急预案。

应急预案的内容应包括应急反应原则、组织机构、成员分工、风险源识别、各类应急措施等。必要时应组织应急演练。

②酸化前对井口装置和高压管线检查,并做井口及高压管线承压模拟试验。

③酸化洗井作业必备安全劳保用品和监测仪器。

④购置生石灰,用于中和盐酸。

⑤施工作业安全技术交底以及岗位明确分工。

⑥井场周边设置安全标志、风向标,规划好逃生线路,设置安全警戒线,指定专人负责疏导井场周围 500 m 范围内人员、车辆通行。

⑦酸化作业前原则上应进行一次酸化作业演练。

⑧酸化作业前应认真检查设备和压力管汇,确保设备能正常运转,管汇无刺漏。

10）酸化洗井环保措施

①进行场地改造,清理井场污水池、循环池和泥浆罐,确保污水容量足够,污水不外溢。

②循环排残酸过程中,残酸或混浆液应回收至污水池或泥浆罐内,且在循环回收过程中,利用生石灰进行酸碱中和处理。

③连续监测好出口 pH 值,做好排量的计量工作,以便掌握残酸的排除情况,直至基本与酸化前相同。

④严禁废液对环境造成污染。现场应将返出井筒的液体装入废液池和污水泥浆罐。

⑤施工结束后对井场（作业区域）进行全面清理,将生活垃圾、药品处理带、废旧胶皮、塑料袋等进行分类处理,做到井场现场整洁、无杂物和地表土无污染。

⑥加强对井场周边河流的水质监测,布置监测点,分别对水体的 pH 值变化情况进行监测和记录,监测时间从酸化工作开展的前一天开始,至废酸全部运走之后的一天内结束,全面掌握酸化期间可能对周边环境的影响情况。

⑦残酸处理

为防止施工过程残酸排除造成污染,需用生石灰中和盐酸,生石灰用量具体根据盐酸浓度、相对分子质量和生石灰相对分子质量综合计算。

8　典型地热井施工案例

8.1　江津珞璜镇地热井

8.1.1　概　况

钻井位于江津区珞璜镇长江畔,开孔层位为侏罗系中统新田沟组,根据钻井揭露情况,嘉陵江组第四段至第二段为该井主要出水段,终孔层位为进入嘉陵江组一段 50 m。该井设计井深 2 000 m,由于勘查区及附近地表断裂较为发育,其向下的延伸深度情况不明,设计时未考虑断层能影响至嘉陵江组地层,引起深部嘉陵江组地层重复,三叠系下统嘉陵江组地层增厚约 261 m,钻井实际钻探深度为 2 539 m,水温 62 ℃。

8.1.2　地层岩性

该区热储层为三叠系中统雷口坡组(T_2l)、三叠系下统嘉陵江组(T_1j)。热储盖层分别为三叠系上统须家河组(T_3xj)、侏罗系中下统自流井组(J_1zl)和中统新田沟组(J_2x)地层。热储下部相对隔水岩层为三叠系下统飞仙关组(T_1f)。

8.1.3　井身结构

用 ϕ311.20 mm 钻至 366.00 m,一开固井后,用 ϕ215.90 mm 钻至 1 785.00 m。二开固井后,用 ϕ152.40 mm 钻至 2 539.00 m。

8.1.4　主要成果

该井静止水位为 $-14.67 \sim -17.60$ m,地热水钻井出水量基本稳定。在为期一年的观测时间里,历次抽水试验最大水位降低出水量变化在 $17.70 \sim 18.66$ L/s(即 $1\ 529.28 \sim 1\ 612.22$ m³/d),平均出水量 1 567.29 m³/d,年变幅为 5.29%。

丰水期该井的出水量较大,其中以 7—8 月出水量最大,达 1 612.22 m³/d。枯水期出水量略有减少,最小出水量出现在枯水期的12月。

该井丰、平、枯抽水试验井口观测水温变化在62～62.5 ℃,变化幅度为0.5 ℃,最终稳定于62 ℃。

历次抽水试验均具有水位、水量稳定,时间快的特点,停止抽水后水位在10 h内即可恢复。涌水量(Q)与水位降低(S)关系呈抛物线方程:$Q = f(S)$,说明了地热水随降深增大,涌水量亦增大,如图8.1、图8.2所示。

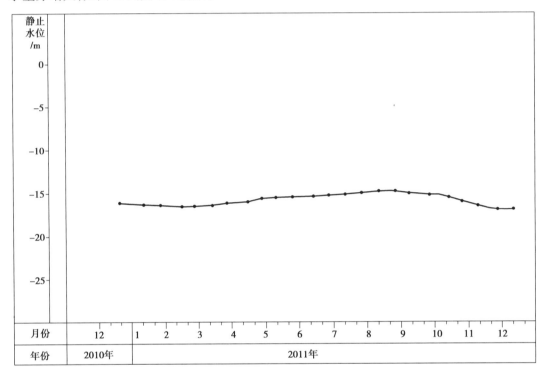

图8.1 江津区珞璜镇地热钻井长期观测曲线图

8.2 秀山平马地热井

8.2.1 概 况

该地热井位于秀山县平马乡贵措村。设计井深1 980 m,钻到1 680 m时,已钻穿原设计的主要热储层,但井内无水,经再次物探后论证,决定采用定向斜钻的方式进行钻探,钻至井深2 208 m时,经完井后的抽水试验,测得静止水位为 - 59 m,降深为178 m时水量为1 600 m³/d,水温53 ℃。

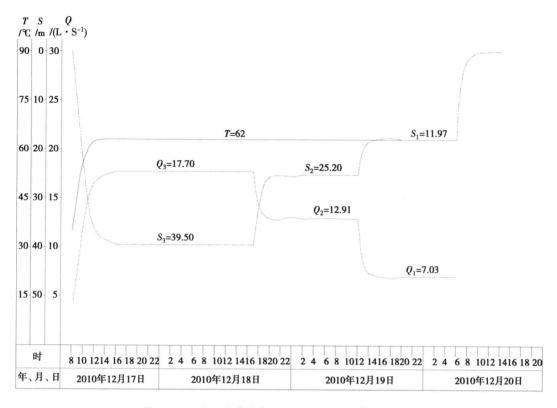

图8.2 江津区珞璜镇钻井枯水期抽水试验历时曲线图

8.2.2 地层岩性

该区次要热储层为寒武系上统毛田组($\epsilon_3 m$)、奥陶系下统桐梓组($O_1 t$)、奥陶系下统分乡组($O_1 f$)和红花园组($O_1 h$)。主要热储层为寒武系中统娄山关组($\epsilon_{2-3} l$)。热储盖层分别为奥陶系下统大湾组($O_1 d$)、中上统(O_{2+3})地层、志留系中统韩家店组群和下统龙马溪组群地层。热储下部相对隔水岩层为寒武系中统高台组($\epsilon_2 g$)。

8.2.3 井身结构

用$\phi 311.20$ mm钻至400 m,一开固井后,用$\phi 215.90$ mm钻至1 176.97 m;二开固井后,用$\phi 152.40$ mm钻至1 680 m;随后进行定向钻进至2 208 m。

8.2.4 定向钻进

该地热井原设计深度1 980 m,当钻至1 680 m后,已穿过主要热储层奥陶系下统南津关组($O_1 n$)和寒武系上统毛田组300余米,进入了娄山关组地层,但无出水迹象。技术人员通过钻探资料、物探测井资料、地面物探资料及区域水文地质、地热地质资料经综合分析,决定采用定向斜井的方式进行钻探,钻至寒武系中上统娄山关组中的平井组($\epsilon_2 p$)地层中,调整后的方案设计井深2 068 m,如图8.3所示,即从图中的箭头方向钻进。

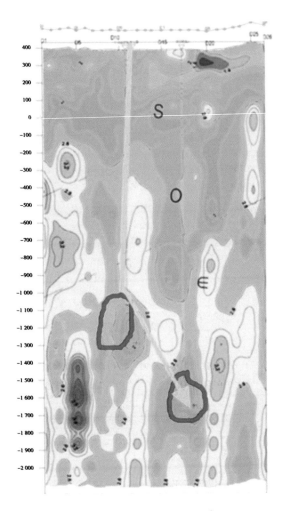

图 8.3　定向井设计论证示意图

（1）定向井设计基本参数

磁偏角：−3.52°

靶区半径：10 m

造斜点井深：1 668.01 m

定向方位：110.83°

最大井斜：10.24°

设计完井井深：2 068.02 m

设计最大垂深：2 044.57 m

完井位移：267.8 m

（2）设计水平投影

定向井设计水平投影如图 8.4 所示。

（3）设计三维立体图

定向井设计三维立体图如图 8.5 所示。

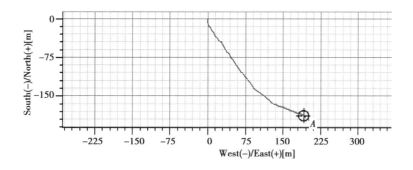

图 8.4　定向井设计水平投影

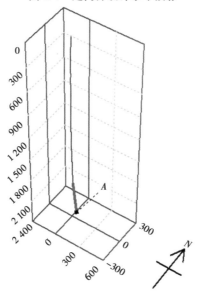

图 8.5　定向井设计三维立体图

当定向钻进至 2 068 m 时,测得静止水位为 -59.0 m,水温 47 ℃,水量约 620 m³/d,为了增加水量,提高水温,决定加深至 2 200 m,完钻时钻探井深 2 208 m,经完井后的抽水试验,测得静止水位为 -59 m,降深为 178 m 时水量为 1 600 m³/d,水温 53 ℃。实际完井结构如图 8.6 所示。

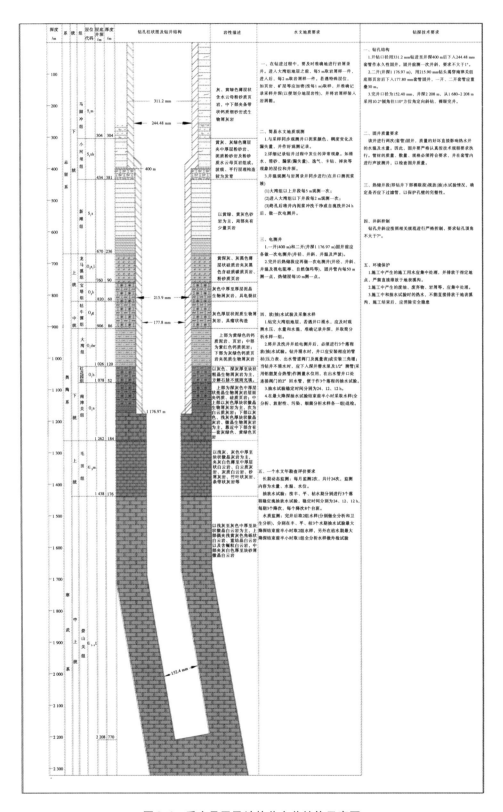

图8.6 秀山县平马地热井完井结构示意图

8.3 大足龙水湖地热井

8.3.1 概 况

在大足龙水湖地热井钻探中,当钻至该井井深 1 190 m 时,井内返出岩屑开始出现页岩及煤线,一直至井深 1 256 m,根据岩屑录井判断进入雷口坡组(T_2l)地层,1 343 m 进入嘉陵江组(T_1j)地层,后续地层层序正常。经专家现场分析判断,该井在 1 130 ~ 1 256 m 有一条隐伏逆断层存在,垂直断距在 126.0 m 左右,如图 8.7 所示。该断层主要由页岩夹煤线等组成,稳定性较差,在长期的使用过程中可能会出现垮塌现象,对地热井后续开发使用造成极大影响。经反复研究,决定继续完成三开钻进,达到目的层后,确认该井有利用价值,再对该段隐伏逆断层进行封固处理后完井。后继续钻至 1 900.18 m 终孔,经抽水试验,水量达 1 650 m³/d,水温 51 ℃,具有较高利用价值,遂决定针对隐伏断层进行处理。

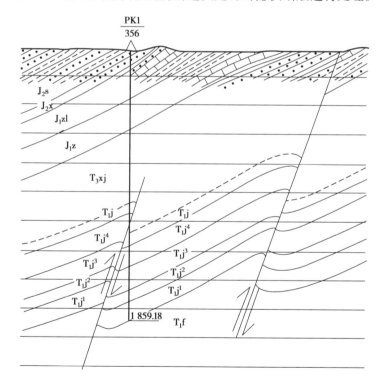

图 8.7　隐伏逆断层示意图

8.3.2 断层封固处理

经过多种处理方案比选后,决定采用"液压悬挂器加水泥伞"方案。

组合管串:水泥伞 + φ127 套管 × 133 m + φ127 液压悬挂器 + 411 × 520 变径接头 + 311 ×

410变径接头。

该方案中,水泥伞的正确使用是能否有效封隔坍塌井段的关键点。

灯笼型水泥伞是井下管串的一个附件。它由套箍和弹簧片组成,石油钻井中常用于悬空封固注水泥施工过程中,防止水泥浆与钻井液发生置换而沉降的隔离装置。它还用来在环空承托水泥,可防止或减少水泥浆的漏失,保护流体通道。

地热井中使用水泥伞,其目的是有效阻隔垮塌井段的垮塌物进入井内。如图8.8所示,套管底部穿过灯笼型水泥伞并连接牢固。当套管通过液压悬挂器固定后,在套管与井壁间还存在一定间隙。坍塌的岩屑沿这个间隙下落到水泥伞上面,大块的岩屑会逐渐堆积,形成隔离带,阻止垮塌岩屑下落至井中,使井壁趋于稳定。同时,地层中的地下水可通过间隙进入井中,基本不影响出水量和水温。液压悬挂器处理井段示意图如图8.9所示。

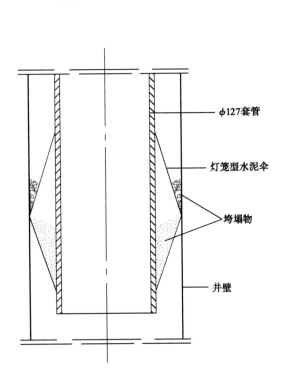

图8.8 灯笼型水泥伞工作原理示意图

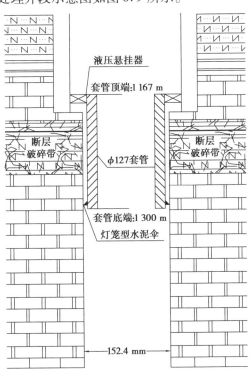

图8.9 液压悬挂器处理井段示意图

8.4 江津双福地热井

8.4.1 概 况

江津双福地热井位于重庆市江津区双福街道三界村,构造上属温塘峡背斜中段东翼,该钻井于2016年1月15日开工,2016年4月15日完钻,井深2 008.6 m,2016年6月6~8日对三开裸眼段内隐伏断层重复悬挂固井,经反复高压气举洗井后,试抽水试验测得静止水位

51.2 m,抽水试验抽水降深 200 m 时,最大流量 660 m³/d,水温 41 ℃;未能达到预期水量 1 000 m³/d、水温 42 ℃水文地质的成果。结合本井实际情况并经专家论证,该井需酸化洗井后才能达到增产增量。

8.4.2　井身结构

地热水钻井结构:

一开 0～416.7 m　　　　　　　　井径 ϕ311.2 mm

二开 416.7～1 297.0 m　　　　　井径 ϕ215.9 mm

三开 1 297.0～2 008.6 m　　　　井径 ϕ152.4 mm

钻井结构示意图如图 8.10 所示。

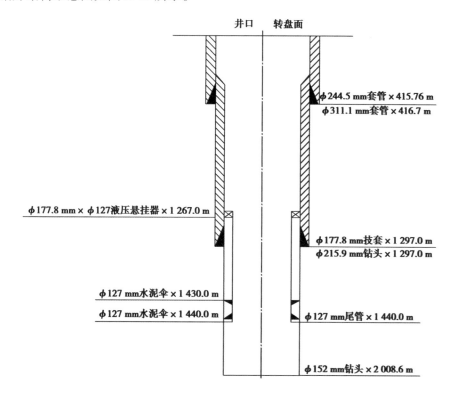

图 8.10　钻井结构示意图

江津双福地热井实钻地层分层见表 8.1。

表 8.1　江津双福地热井实钻地层分层表

层　位	代　码	井段/m	段厚/m	备　注
侏罗系中统新田沟组	J_2x	0～145	145	
侏罗系下统自流井组	J_1zl	145～500	355	
侏罗系下统珍珠冲组	J_1z	500～672	172	
三叠系上统须家河组六段	T_3xj^6	672～965	293	

续表

层 位	代 码	井段/m	段厚/m	备 注
三叠系上统须家河组五段	T_3xj^5	965～1 060	95	
三叠系上统须家河组四段	T_3xj^4	1 060～1 144	84	
三叠系上统须家河组三段	T_3xj^3	1 144～1 182	38	
三叠系上统须家河组二段	T_3xj^2	1 182～1 228	46	
三叠系上统须家河组一段	T_3xj^1	1 228～1 285	57	
三叠系中统雷口坡组	T_2l	1 285～1 304	19	
三叠系上统须家河组二段	T_3xj^2	1 304～1 349	45	隐伏断层重复
三叠系上统须家河组一段	T_3xj^1	1 349～1 425	76	
三叠系中统雷口坡组	T_2l	1 425～1 457	32	
三叠系下统嘉陵江组四段	T_1j^4	1 457～1 601	144	
三叠系下统嘉陵江组三段	T_1j^3	1 601～1 824	223	
三叠系下统嘉陵江组二段	T_1j^2	1 824～1 956	132	
三叠系下统嘉陵江组一段	T_1j^1	1 956～2 008.6	52.6	

8.4.3 酸化洗井

为尽可能增大钻井出水量,需对该地热井进行酸化洗井。《钻井酸化洗井施工方案》于
2016 年 8 月 25 日由市地质调查院组织专家评审。经充分准备,于 2017 年 1 月 10—22 日,
在井深 1 460～1 510 m 注入 20% 的盐酸 40 m³ 进行酸化洗井作业。

1)酸化洗井前准备工作

酸化洗井前准备工作主要包括井场场地改造、井口改造、管线改造以及设备租赁、物资
供应等,共计 6 个台班。

(1)井场场地改造

2017 年 1 月 10 日,主要对井场污水池和循环池进行清理。

(2)井口改造

2017 年 1 月 11 日,对原井口装置进行改造,主要作业为拆卸及安装升高短节、平板阀和
防喷器,并对井口进行试压。

(3)管线改造

2017 年 1 月 12 日,改造酸化洗井接口装置以及外接管汇三通,并对管线进行试压。

此外,酸化洗井租赁设备(油管、钻杆)及盐酸等供应材料应同步进行。

2)酸化洗井作业

(1)(酸化前)通井

2017年1月13—14日(共计4个台班)进行酸化前的通井作业,确保井眼畅通。

(2)组装酸化钻具

2017年1月15—16日(共计4个台班)组装酸化钻具1 460 m。

(3)酸化洗井施工(步骤)

由于酸化施工的连续性,2017年1月17—18日连续实施酸化洗井施工,其主要施工步骤如下。

①2017年1月17日7:00—12:00时,检查、调节并试运转各设备,13:00时40 m³浓度为20%的盐酸准备到位。

②17日13:00—14:00时,连接各接头管线并试压各接头,确保酸化施工接头正常。

③14:00—14:30时,井口试压。先大泵循环10 min,再关井口防喷器,最后井口试压15 MPa。井口试压结束,打开防喷器。

④14:30—15:00时,召开现场会议,明确各岗位职责。

⑤15:00—15:03时,注入2 m³前置液作为隔离液。

⑥15:03—15:50时,注酸。根据钻具计算内容积,注入5 m³盐酸后关闭井口防喷器,然后继续注入地面剩余盐酸,注酸时间47 min(需高压注酸车1台)。

⑦15:50—15:53时,注入2 m³后置液作为隔离液。

⑧15:53—16:10时,替浆。注酸结束后,关闭罐车注酸闸阀,打开泥浆泵闸阀,用泥浆泵替浆挤酸,按设计量顶替10 m³循环液,停泵(施工过程中观测压力表是否在安全施工范围内)。

⑨16:10—16:45时,候酸反应。挤酸作业结束后停泵,进行35 min候酸反应,反应结束后打开放喷管线进行放喷。

⑩2017年1月17日16:45—18日11:30时,排残酸。打开放喷管线,循环泥浆排残酸,直至井内循环液pH值正常(排残酸过程中用生石灰中和残酸,中和盐酸所用生石灰12 t)。

⑪18日11:30—14:00时,循环1~2个周期,并测定pH值直至基本无变化。

⑫18日14:00—19:00时,起钻。

(4)甩酸化管柱

2017年1月19—20日甩酸化管柱。

3)(酸化后)通井

2017年1月21—22日(共计4个台班)进行酸化后的通井作业。

4)抽水试验及水文地质成果

酸化洗井结束后进行两次抽水试验:2017年2月6—9日实施抽水试验,稳定水量1 228.24 m³/d,水温41.5 ℃,水位227 m,取得明显的地质成果;2017年4月23—29日再次进行抽水试验,稳定水量 1 494.98 m³/d,水温 42 ℃,水位 238 m。水量比酸化前增加 894.98 m³/d,水温增加 1 ℃,达到了项目设计要求。

通过对比酸化前后抽水试验的水文地质成果,酸化洗井明显增大了水量,水温也略有增加,取得了显著的地质成果。

9　地热水资源开发中存在的问题及建议

　　重庆是我国首个世界温泉之都,地热水资源量十分丰富,开发利用历史悠久,温泉文化底蕴深厚,温泉旅游业发展迅速,温泉产业初具规模。但是,在勘查开发过程中,仍然存在诸多问题,比如如何合理布局地热水资源,如何实现高质量开发地热水资源,如何可持续利用地热水资源等都值得更深层次地研究和探讨。

9.1　重庆地热水资源的特点

　　地热水资源是集热、矿、水于一体的可再生资源,具有广泛的用途和极高的开发利用价值。市域为水温 25～62 ℃ 的中低温地热水资源,分布于各热储构造带,深埋于地下数百米至 3 000 余米,主要由大气降水补给,水沿各含水层或断裂构造带向地下深部渗透、运移,逐渐增温形成稳定的地热水资源,在热储构造最大减压地段(如河流横向深切热储构造)形成天然温泉,或工程揭露形成坑道温泉、钻井温泉等。全市地热水资源具有分布广泛、分带明显、资源丰富、类型多样等特点。

　　①分布广泛,分带明显。市域地热水资源分布广泛,除潼南区外的所有区县均有分布。地热水资源分布严格受各热储构造带的控制,且呈带状展布。

　　②热储层位多,资源丰富。主要热储层有下三叠统嘉陵江组、中二叠统茅口组、中上寒武统高台组和平井组等;次要热储层有中三叠统雷口坡组、下奥陶统红花园组、桐梓组等。现有地热水资源量 21.13 万 m^3/d,其中天然温泉 2.61 万 m^3/d,坑道温泉 4.40 万 m^3/d,钻井温泉 14.12 万 m^3/d。

　　③水质类型多,理疗价值高。水质类型主要有硫酸盐型、氯化物型、重碳酸盐型等。其中主城区及其周边区域以硫酸盐型为主,万盛—南川以重碳酸盐型、氯化物型为主;渝东北以硫酸盐型、氯化物型为主;渝东南皆有硫酸盐型、重碳酸盐型和氯化物型。已探明的地热水中,氟、锶、偏硅酸、偏硼酸常能达到理疗热矿水浓度,具有较高的理疗价值。

9.2　地热水资源开发利用现状

重庆市地热水资源开发利用历史悠久,文化底蕴深厚,宋、明代就有北温泉、南温泉,抗战时期东、西、南、北四泉声名远扬,改革开放以来,陆续开发了统景、海棠晓月、中华龙、天赐、海兰云天等温泉,形成了以"五方十泉"为代表的都市经济圈蓬勃发展,三峡库区和渝东南地区逐步兴起的局面,温泉产业初具规模。

全市现有温泉共计 107 处,总涌水量 8.48 万 m^3/d,钻井温泉 65 处,在利用的有 36 处。其中一小时经济圈内有 91 处,水量 7.4 万 m^3/d,钻井温泉 52 处,在利用的有 34 处。从业人员 1 000 余人,温泉业产值 29.42 亿元,主要集中于一小时经济圈内。重庆地热水资源属中低温热水类型,微量元素及有益矿物质丰富,特别适宜洗浴,且保健理疗效果好,开发利用以康乐保健型(南温泉、北温泉等)、旅游度假型(东泉、统景、金佛山温泉等)为主。近年来,随着研究的深入,开发利用模式逐渐向多元化方向转变,房地产型(海棠晓月、中安翡翠湖等)和农业种植养殖型温泉(长冲、贝迪温泉等)逐渐兴起,并推动了相关产业的发展。

9.3　存在的问题

9.3.1　地质勘查程度低

一是区域地热地质条件研究程度低,局限性和地域性比较明显。地热水资源勘查主要集中于我市主城区,其余地区勘查程度低,特别是渝东北地区,仍停留在踏勘调查阶段。

二是勘查层位单一,主要集中于三叠系下统嘉陵江组,其余热储层投入勘查工作较少。

三是资源储量级别低,可利用的基础储量少,而对同一个地热田采用比拟法外推的开采量,其可靠程度低。

9.3.2　开发利用布局与结构不尽合理

一是地热水资源开发利用布局重主城轻郊县,渝东南地区、三峡库区温泉产业仍处于起步阶段,区域发展极不平衡。

二是地热水资源仅利用了适宜于人体温度的部分热能(37~45 ℃),利用后直接排放,热能利用不充分,浪费十分严重。

三是未根据地热水温度、矿物质成分等特点科学合理地开发利用。

四是开发利用模式仍较单一,房地产型和农业种植养殖型温泉的开发利用有待进一步加强,热泵技术由于成本高,未推广利用。

9.3.3 地热水资源勘查开发风险大

温泉产业是具有"明显的关联性、突出的依附性、较高的隐蔽性"和"高投资、高风险、高回报"的综合性产业。勘查开发已从 1 000 m 内的浅井转变为 2 000 m 左右的深井,由于地质构造条件复杂,施工技术要求高,勘查开发风险越来越大。统计表明,全市共进行 47 眼深井勘探,其中无开发利用价值的 13 眼,占勘探井总数的 27.7%。

9.3.4 地热水资源勘查开发管理和保护力度不够

地热水资源管理法制体系有待进一步健全和完善,政府主导、市场配置资源机制需进一步完善,宏观调控能力有待进一步加强。管理方式和手段有待进一步改进,资产化、信息化管理尚未起步。

9.4 对策措施探讨

9.4.1 统筹规划,合理布局

根据地热水资源赋存规律,按照经济社会发展需要,统筹部署地热水资源勘查开发工作,强化特色、打造精品,加强重点城镇和重要旅游地区的地热水资源开发利用,促进温泉产业及相关产业的发展。

在重点开发主城 9 区地热水资源的同时,加强渝东南、渝东北地热水勘查力度,提高勘查精度,根据其旅游资源进行"板块式""片区式"勘查和开发。

9.4.2 加大科技投入,提升勘查成效

①加强物探在地热水资源勘查中的研究力度。地球物理勘查是地热水勘查的重要手段之一,能为精准确定井位提供前期资料。现有的物探准确度较低,其资料往往具有"多解性"。应引进先进的设备和技术,同时结合重庆地区地层岩性特点,加强其精细化研究、类比法研究,提高其资料的"单一性"解译。

②提高地质调查精度。针对重庆地区的地质构造和岩层特点,有针对地性进行大比例尺、精细化的地质调查,用找矿的方法寻找深部地热水。

③加强深部水文地质研究。现在的水文地质工作主要集中在浅表层,一般不超过500 m。重庆地区的地热水埋藏深度一般在 2 000 m 左右。应加强中深部水文地质工作研究的精度,为精准勘探地热水资源提供基础地质依据。

④要加强地热井钻探的科技投入,引进、推广新技术和新工艺,如多工艺空气潜孔锤钻进、汽举反循环钻进工艺等,缩短勘查周期,降低勘探成本。

⑤加强地热井管的腐蚀机理及防腐问题研究。

9.4.3 拓展地热水资源开发、利用模式，提升利用品质

在重庆地区，温泉水的开发、利用模式主要有"温泉＋公园""温泉＋酒店""温泉＋农家乐"等，有少量的温泉SPA和"温泉＋房地产"模式。总体上讲，开发、利用模式少，总体利用率和单个利用效率较低，应探索和拓展地热水资源开发、利用新模式，提升利用品质。

①"温泉＋旅游"模式。如秀山县的洪安古镇（边城）与川河盖景区相距50 km左右，各有特色。当地政府在两个景区中间的平马镇开发了地热水资源，将两个景点连接成线，打造成一条精品旅游线路，效果良好。

②"温泉＋地产"模式。如海棠晓月楼盘，地产让温泉找到了归宿，温泉则让地产增值。

③温泉养殖种植模式。如江津长冲养殖试验示范基地、九龙坡贝迪温泉花卉种植试验示范基地和梁平双桂堂大棚蔬菜试验示范基地等。

④温泉康养模式。重庆地热水属中低温热水类型，微量元素及有益矿物质丰富，特别适宜洗浴，且保健理疗效果好。可以充分利用温泉水的这些优势，打造高品质的疗养中心、养老中心等，如南温泉、北温泉等。

9.4.4 研究尾水梯级利用，提高地热能的利用效率

现行的温泉水在使用后直接排放的居多，很少再利用，热能损失大。建议对尾水进行再次开发、利用，如供暖、小型发电、养殖、种植等。

9.5 绿色勘查与绿色矿山建设

地热水资源虽然是可再生的清洁能源，但是在勘查和开发利用过程中，也难免产生对环境的污染。在勘查阶段，有可能产生油污、泥浆污染等。在开发、利用过程中，有尾水排放等污染问题。因此，对地热水资源的勘查、开发与利用，必须强调绿色勘查和绿色矿山建设。

9.5.1 绿色勘查

绿色勘查，是以绿色发展理念为引领，以科学管理和先进技术为手段，通过运用先进的勘查手段、方法、设备和工艺，实施勘查全过程环境影响最小化控制，最大限度地减少对生态环境的扰动，并对受扰动的生态环境进行修复的勘查方式。党的十八大以来，党中央首次将生态文明建设纳入中国特色社会主义事业"五位一体"总体布局，"要像保护眼睛一样保护生态环境，像对待生命一样对待生态环境"。有效推进地热水资源的绿色勘查开发，既是国家发展战略、地方经济建设的需要，也是生态环境保护推动经济社会发展的客观需求，更是新时代做好矿产勘查工作的现实需要，是推动地热水资源勘查开发可持续发展的有效途径。

绿色勘查的工作流程如图9.1所示。

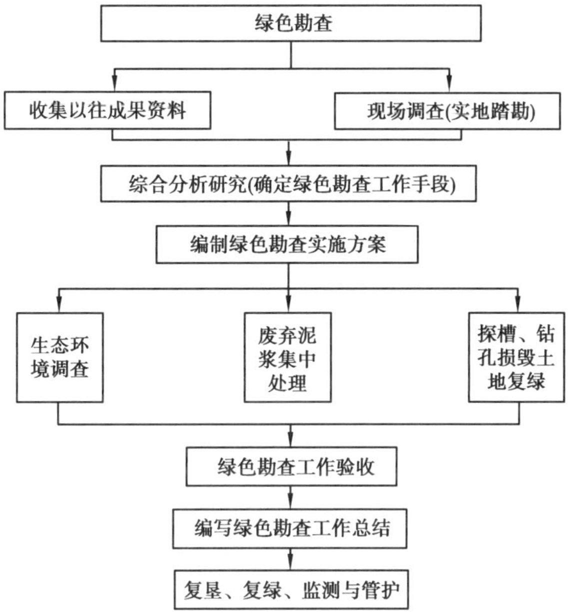

```
                    ┌──────────────┐
                    │   绿色勘查    │
                    └──────────────┘
              ┌────────────┴────────────┐
        ┌───────────┐          ┌───────────────┐
        │收集以往成果资料│        │现场调查(实地踏勘)│
        └───────────┘          └───────────────┘
              └────────────┬────────────┘
          ┌──────────────────────────────┐
          │综合分析研究(确定绿色勘查工作手段)│
          └──────────────────────────────┘
              ┌──────────────────────┐
              │编制绿色勘查实施方案   │
              └──────────────────────┘
        ┌───────────┬──────────────┬───────────┐
    ┌────────┐  ┌────────┐    ┌────────────┐
    │生态环  │  │废弃泥  │    │探槽、钻    │
    │境调查  │  │浆集中  │    │孔损毁土    │
    │        │  │处理    │    │地复绿      │
    └────────┘  └────────┘    └────────────┘
        └───────────┴──────────────┴───────────┘
              ┌──────────────────────┐
              │绿色勘查工作验收       │
              └──────────────────────┘
              ┌──────────────────────┐
              │编写绿色勘查工作总结   │
              └──────────────────────┘
              ┌──────────────────────┐
              │复垦、复绿、监测与管护 │
              └──────────────────────┘
```

图9.1　绿色勘查工作流程图

1)绿色勘查基本原则

①绿色发展:牢固树立绿色发展理念,将绿色发展理念贯穿于勘查活动的全过程,将保护生态环境作为勘查活动中应尽的义务和责任。

②创新驱动:依靠科技和管理创新,采用新手段、新方法、新工艺、新设备,最大限度地避免或减轻勘查活动对生态环境的扰动、污染和破坏。

③和谐共赢:尊重自然,因地制宜开展工作,尊重勘查活动所在地民俗,构建和谐勘查氛围;统筹兼顾勘查效益、生态环境效益和勘查活动所在地的社会效益。

④管理规范:制定有关勘查生态环境保护、土地复绿等规章制度和保障措施,将绿色勘查管理内容融入日常工作,责任明确,管理措施和投入到位。

2)绿色勘查基本要求

(1)临时道路及场地建设

道路及场地建设前,应按照相关规定办理用地手续。施工道路应尽量利用原有道路,道路及场地修建尽量减少挖损;妥善保管表土,以便用于施工结束后的复垦、复绿;道路及场地建设中挖填形成的边坡及土石堆场边坡应做好支护或拦挡,预防发生崩塌、滑坡、泥石流等地质灾害,尽量减少土地压占。

(2)钻探施工场地选择与平整

①依据现场地形条件进行分区布置,以满足减小环境影响和安全文明施工为原则,严格控制场地平整使用土地面积。

②钻进液循环系统场地。其开挖容积应按钻孔深度进行计算。

③岩心堆场及材料库、休息区、工地厕所场地等附属设备设施场地,按照附属设备、设施安装及操作使用需求,在最大限度减少环境扰动前提下,依地形分区平整场地。

④钻探施工场地应设置排水沟,确保现场无低洼积水。

(3)现场作业管理

①确保施工场地平整、稳固,无地质灾害及其他安全隐患。

②施工中不随意踩踏植被及农作物,除依据法律法规取得相应的行政许可外,不砍伐树木、捕杀野生动物及采伐保护性植物。

③加强火源管理,在林区严禁使用明火,不乱丢火种,管理好火源,预防发生森林火灾事故。

④施工现场安全文明及环保设施齐备可靠,相关管理制度、图表及标牌齐全、规范、醒目。

(4)勘查工程施工

①钻探施工井场将对土地造成挖损压占破坏,应先编制井场临时用地复垦方案,经专家审查通过并备案后实施。方案中应特别明确损毁土地的表土剥离和存放措施,便于竣工后进行生态修复利用。

②钻探施工循环液使用泥浆时,应采用无固相或低固相的优质环保浆液。加强循环液的现场使用管理,做好施工中防渗、护壁及净化处理,预防浆液使用中造成地面及地下污染。

(5)和谐勘查

勘查实施工程中,应积极宣传绿色勘查的理念,争取当地社会的理解和支持;加强与矿产勘查区的利益相关者交流互动,正确处理好社会关系,避免产生矛盾,及时化解纠纷;必须做好安全文明施工、节能环保及勘查形象建设工作;应及时向相关部门报备,并主动接受监督和检查。

(6)生态环境保护

①场地管理。加强生活驻地生态环境保护措施管理。项目驻地以租用当地房屋为主,驻地撤离时,应进行出场清理工作,清除现场各类杂物、垃圾及污染物。

②废水管理。修建的排水沟等设施,施工前制订施工措施,做到有组织地排水,并采取治理措施,保证排水达标。勘查期间产生的生活污水和机械冲洗废水严禁直接排入地表水体。

③噪声粉尘与废弃物管理。勘查机械设备应安装消声装置,降低施工噪声;在居民集中区和野生动物栖息区附近,夜间作业活动噪声应符合国家有关标准要求。柴油机动力设备应安装尾气净化装置,尾气排放执行国家环保排放标准。

④人为因素影响。应对全体人员加强然资源保护的宣传教育,项目人员应树立正确的生态环境保护意识,避免破坏生态环境。

⑤绿色植被保护。工程施工完成后,及时拆除各种临时设施,施工临时占地应及时恢复

植被或本来用途。按实施方案要求,认真及时地完成环境恢复。

3)绿色勘查实施方案编制

在进行地热资源勘查前,应认真编制"绿色勘查实施方案"。其内容应包括以下几个方面。

①地质概况及工作量、工作目的。

②工作区环境。包括土地利用现状、重要建(构)筑物及保护对象、与生态保护区的位置关系等。

③勘查工作实施过程中可能对环境造成的影响分析。包括对重要建(构)筑物及保护对象的影响,对地表水、地下水的影响,对土地的影响,对动植物的影响,对农业生产的影响,对地质环境(含生态自然景观)的影响等。

④绿色勘查设计。

a.道路及场地建设:如何选择道路和场地,尽量少占耕地和林地,减少土地损坏、林木与植被的破坏。

b.设备选型。在满足勘查要求的前提下,尽量选择轻便的、少占地的钻机和附属设备。优先采用模块化、轻便化、小型化、集成度高的钻探施工及其配套设备。

c.现场作业要求。钻探施工循环液宜使用清水,如需泥浆应采用无固相或低固相的环保泥浆。泥浆材料及处理剂具备无毒无害、可自然降解的性能,符合环保标准的要求。加强循环液的现场使用管理,做好施工中防渗、护壁及净化处理,预防钻井液在使用中造成地面及地下污染。

d.其他要求。施工场地设围栏,对车辆进出场清洗、噪声控制、特种作业管理等。

⑤绿色勘查保障措施。根据"谁开发,谁保护;谁破坏,谁恢复;谁损毁,谁复垦"的原则,项目实施单位负责组织具体的绿色勘查实施工作。

4)生态修复方案设计

地热水资源勘查钻探施工占地之前,原则上要求单独编制《生态修复方案》,即对损毁土地的复垦设计并报批。内容主要包括损毁土地的类型和程度;可能造成的地质环境损毁和地质灾害分析论证;复垦的可行性和方向分析;复垦的工程措施设计;复垦前后土地利用结构变化及效益分析等。

5)环境影响评估及废弃物处置

地热井钻探施工完毕后,应请有资质的单位对施工造成的环境问题进行评估。根据评估报告,对废弃物特别是残留泥浆、油污进行固化后统一处置,并经有关单位验收后完善相关资料。

9.5.2 绿色矿山建设

无论以哪种模式开发和利用地热水资源,均会存在建设期施工场地损毁土地、生产运营期地热尾水排放等现象。党中央、国务院和各级地方政府,针对绿色矿山建设也多次发文作了具体安排和部署。地热水开发利用相关企业,也必须按要求开展绿色矿山建设工作。

按照有关部门要求编制绿色矿山建设实施方案,并按照审查通过的绿色矿山建设实施方案进行绿色矿山建设,在建设过程中,重点关注以下方面。

(1)本企业可能产生的污染源

尾水排放是否达标;废渣处置是否符合要求;针对已损毁的土地,是否按要求复绿;开发对周边环境的影响程度等。

(2)矿容矿貌建设

矿区办公场所、道路、绿化带等是否达标,除尘设施、安全标志、消防设备设施是否齐全。

(3)资源综合利用

温泉度假区冲厕用水、道路及车辆清洗用水、绿化养护用水等可利用尾水处,优先使用经处理达到相应水质标准的尾水,严格控制自来水及地表水的用水量,并建立档案资料。

(4)节能减排

采用先进的节能节水设施,如水表计量器、红外感应龙头、感应式冲洗阀及隔热保温层等,并与主体工程同时设计、同时施工、同时投产使用,且应进行日常维护。

(5)科技创新与数字化矿山

①科技创新。按照温泉度假区规划设计及地热水资源开发、利用方案要求,采用先进、适用、成熟、性能稳定可靠的地热水原水及尾水处理工艺、除铁设备及监控设备等。

②矿山信息化与自动化。温泉度假区正式运营前,矿山企业协同厂家共同完成信息化管理系统软件资料的审查和录入,全面完成矿山信息化管理系统硬件部分的安装调试,保证信息化管理系统正常运行,实现矿山企业生产、经营、管理信息化。

(6)企业管理与企业形象

①企业文化。建立企业文化宣传阵地,宣传绿色矿山创建情况,建立相应的档案资料。具体措施如下:

a.定期举办绿色矿山创建工作会议或座谈会;

b.广泛宣传企业绿色矿山创建活动,使绿色矿山创建活动深入职工人心;

c.经常组织职工开展各种环境教育活动,提高职工生态环境意识,形成绿色矿山创建活动人人有责的公众参与机制;

d.设置绿色矿山广告宣传标志、在采场内外写标语等。

②管理制度。成立绿色矿山创建领导班子,逐步建立完整的矿山管理长效机制,明确远期和近期创建目标,有专门的矿山技术人员和管理网络,实干班子由行政管理单元、环境监管单元、采矿管理单元、财政管理单元、后勤管理单元组成。绿色矿山创建工作小组由矿长为组长,领导管理下面实干班子制定绿色矿山创建专项经费保障制度,并确保资源开发、安全生产、环境保护、生态环境治理和保护以及矿山内部管理等规章制度基本健全,矿山内部运营规范、有序。

（7）建立绿色矿山长效管理机制

矿山企业建立绿色矿山组织管理体系，成立创建绿色矿山领导小组，实行矿山企业法定代表人负总责制度，明确各岗位具体负责人，相关责任落实到人，做到组织健全、分工明确、责任落实。

绿色矿山创建负责人要为实施和控制管理体系提供必要的资源：人力资源、专项技能、技术以及资金。每月定期检查绿色矿山创建活动中存在的问题，做到有记录，有整改措施，并有成效。

参考文献

［1］杨华林,徐太国,等.重庆——中国温泉之都地热资源地质勘查报告［R］.重庆:重庆市地质矿产勘查开发局南江水文地质工程地质队,2010.

［2］重庆市国土资源和房屋管理局.重庆市地热资源勘查开发利用规划(2007—2020)［R］.重庆:重庆市地质矿产勘查开发局南江水文地质工程地质队,2008.

［3］罗祥康.重庆市地热水分布图说明书［R］.重庆:重庆市地质矿产勘查开发总公司,2002.

［4］吕玉香.重庆市地热资源勘查关键技术——地热井井间干扰研究成果报告［R］.重庆:重庆市地质矿产勘查开发局208水文地质工程地质队,2017.

［5］杨华林,周神波,等.重庆市地热资源勘查风险研究报告［R］.重庆:重庆市地质矿产勘查开发局南江水文地质工程地质队,2011.

［6］周神波,丁吉辉,等.重庆市江津区珞璜镇地热水资源详查评价报告［R］.重庆:重庆市地质矿产勘查开发局南江水文地质工程地质队,2012.

［7］冉瑜,蒋晶,等.重庆市秀山县平马乡地热水资源勘查实施方案［R］.重庆:重庆市地质矿产勘查开发局208水文地质工程地质队,2019.

［8］樊奔,龙进.重庆市秀山县平马乡地热水资源勘查音频大地电磁法工作成果报告［R］.重庆:重庆市地质矿产勘查开发局208水文地质工程地质队,2016.

［9］周神波,张中焱.重庆市九龙坡区石板镇地热水资源详查评价报告［R］.重庆:重庆市地质矿产勘查开发局南江水文地质工程地质队,2017.

［10］任良治.重庆红层地区浅层地下水的勘查与开发［M］.重庆:重庆大学出版社,2010.

［11］王宇.岩溶找水与开发技术研究［M］.北京:地质出版社,2007.

［12］卢予北,等.地热资源开发与问题研究［M］.郑州:黄河水利出版社,2005.

［13］卢予北,等.郑州地热资源勘查技术研究［M］.郑州:黄河水利出版社,2007.

［14］胡郁乐,张惠,等.深部地热钻井与成井技术［M］.武汉:中国地质大学出版社,2013.

［15］许刘万,伍晓龙,王艳丽.我国地热资源开发利用及钻进技术［J］.探矿工程(岩土钻掘工程),2013,40(4):1-5.

［16］任良治,邝光升,李俊福,等.液压尾管悬挂器在地热井施工中的应用［J］.第十九届全

国探矿工程(岩土钻掘工程)学术交流年会论文集,2017.

[17] 马小平,徐海洋,等.定向钻进技术在地热井施工中的应用[J].第二十届全国探矿工程(岩土钻掘工程)学术交流年会论文集,2019.